欢乐数学营

数学
可以这样有趣

［美］阿尔弗雷德·S.波萨门蒂尔（Alfred S. Posamentier）
［德］英格玛·莱曼（Ingmar Lehmann）著
朱用文 译

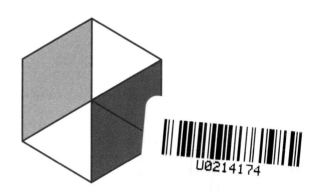

U0214174

MATHEMATICAL
CURIOSITIES
A TREASURE TROVE OF
UNEXPECTED ENTERTAINMENTS

人民邮电出版社
北 京

图书在版编目（CIP）数据

数学可以这样有趣 ／（美）阿尔弗雷德·S. 波萨门蒂尔，（德）英格玛·莱曼著；朱用文译. -- 北京：人民邮电出版社，2022.10
（欢乐数学营）
ISBN 978-7-115-59140-1

Ⅰ．①数… Ⅱ．①阿… ②英… ③朱… Ⅲ．①数学－青少年读物 Ⅳ．①O1-49

中国版本图书馆CIP数据核字(2022)第060060号

◆ 著　　[美]阿尔弗雷德·S. 波萨门蒂尔（Alfred S. Posamentier）
　　　　[德]英格玛·莱曼（Ingmar Lehmann）
　　译　　朱用文
　　责任编辑　刘　朋
　　责任印制　陈　犇
◆ 人民邮电出版社出版发行　　北京市丰台区成寿寺路 11 号
　　邮编　100164　电子邮件　315@ptpress.com.cn
　　网址　https://www.ptpress.com.cn
　　北京天宇星印刷厂印刷
◆ 开本：720×960　1/16
　　印张：18　　　　　　　　　　2022 年 10 月第 1 版
　　字数：264 千字　　　　　　　2024 年 9 月北京第 5 次印刷
　　著作权合同登记号　图字：01-2020-7655 号
　　　　　　　　　　定价：69.90 元
读者服务热线：**(010)81055410** 印装质量热线：**(010)81055316**
反盗版热线：**(010)81055315**
广告经营许可证：京东市监广登字 **20170147** 号

内容提要

我们在学校里学习数学时接触了大量的定义、定理、推论、习题、计算、证明等，这些无疑是人类智慧的结晶，但似乎使我们对数学产生了一种刻板的印象，让我们认为数学是一门高深、枯燥、不易亲近的学问。其实，数学源于生活，是为了解决现实中的问题而发展起来的。

在本书中，我们可以看到数学鲜为人知的一面。作者通过各种奇妙的数字以及稀奇古怪的问题来展示数学有趣的一面，主要内容包括算术奇珍、几何奇珍、神奇问题的神奇解答、奇妙的平均数、奇特的分数世界。我们可以看到，对于书中介绍的大多数问题，换一种思路或者思维模式，就可以得到一种更为简洁、有趣的解答，从而避免许多不必要的麻烦。

如果你能在惬意的阅读中领略到数学的奇妙，在不经意间见识到数学的魅力，那么本书的编写目的就达到了。

译者序

 数学中有无穷无尽的宝藏，但是要以一种通俗的方式展示其中的奇珍异宝，则需要对数学的独到见解和深刻领悟。本书的两位作者自本世纪以来独立以及合作出版了十多部数学科普图书，从全新的角度讲述初等数学的故事，不断演绎着数学的神奇和美妙。本书是继《精彩的数学错误》（ *Magnificent Mistakes in Mathematics* ）、《数学迷思与惊奇》（ *Mathematical Amazements and Surprise* ）、《辉煌的黄金比率》（ *The Glorious Golden Ratio* ）等一系列国际畅销书后的又一力作，同样是从初等数学的角度展示数学的力量和美，闪现着智慧和神奇的光芒，启迪人们创新思维，激发人们对于数学的热爱以及对这个伟大学科进行探索、传播和创新的冲动。

 捧读原著，译者的确受益匪浅。该书从一个非常不寻常的角度——通过各种各样的数学奇趣来讲述数学，除了引言与结语外，主要内容包括如下 5 章：算术奇珍、几何奇珍、神奇问题的神奇解答、奇妙的平均数、奇特的分数世界。

 数学的奇妙首先体现为数的奇妙，即体现为算术的奇妙。数，弥漫于宇宙而无色，聚敛于毫末而无形。古希腊数学家、哲学家毕达哥拉斯（约公元前 580—约前 500）说道：“万物皆数。”中国先哲老子在《道德经》第四十二章中说道：“道生一，一生二，二生三，三生万物。”可见，数即是道。抽象的数，符号化的数，即为代数。因此，代数即是道。在计算机早已普及的今天，任何数据只有经过离散化、量子化、代数化才能适用于计算机的计算。算术与代数的奇妙在于抽象与具体的统一，在于规则与自由的统一，在于简单与复杂的统一。数内有数，数外有数。往内的奥妙体现出该数的特性，往外的规律体现为数学模式。在"算术奇珍"这一章中，作者为我们展现了一些特定数字的奇特性质，并在一些平常的数字之间挖掘出一些奇妙的数学关系和数学模式。无论是从明显错误的东西导出完全正确的结论，抑或是由正常的运算过程导出完全出乎意料的结果，都展现出了算术和代数的神奇，令人赞叹。

分数是一种特殊的数，它代表着比例、和谐与美。一些简单的分数在音乐上对应于一些和谐音程的频比，而且分数越简单，它们所对应的音程就越和谐。在数学上，从整数出发，利用分数的手段可以构造出有理数，而且这一手段在代数学上还可以进行推广。在"奇特的分数世界"一章中，作者从一个全新的角度来介绍分数：以最不寻常的方式展现单位分数，让其作为调和三角形的一部分，并最终导出法里序列。关于数的这些特性和关系，让我们于平常中见神奇，于普通中见珍贵。

除了代数，几何是数学的又一个重要的支柱学科。因此，数学的珍奇也必然体现在几何中。几何学，本质上也是数学，何也？长几何，宽几何，高几何，面积几何，体积几何，角度几何，弯曲几何……凡此种种，无不在言数。可见，几何者，数也！众所周知，笛卡儿坐标系是数学史上的光辉成就，它在代数和几何之间架起了一座桥梁，自此代数可以解释为几何，几何推理可以变成代数运算。这的确是极为奇妙的事情，抽象的代数与直观的几何可以高度统一、唇齿相依，数学家们可以仰观代数、俯察几何并将二者有机地结合起来。这正如本书作者所说："几何本身的奇特性体现为很多种形式：它们可能在视觉上具有欺骗性，或者可能会导出意想不到的关系，或者它们最终可能会违反直觉。有时，几何关系确实出乎意料，甚至令人难以置信。"在江户时代（公元 1603—1868），日本人对算额问题情有独钟，其中的几何问题主要涉及欧几里得几何。在本书的"几何奇珍"一章中，作者介绍了一些算额问题，其中主要是平面几何问题，也有少量立体几何问题。

世界是确定的，也是随机的。如果说代数与几何是研究确定性的数学，那么概率统计则是关于随机性的数学。集中趋势的度量方法在很大程度上属于数理统计学的范畴。然而，当从严格数学的角度来看待时，它们为通过几何方法证明代数结果或通过代数方法证明几何结果提供了一个大好的机会。作者在第 4 章中分别采用代数和几何的方法，比较了算术平均数、几何平均数、调和平均数、均方根、反调和平均数、海伦平均数和对称平均数等 7 种平均数，其所用的方法生动地展现了代数、几何以及二者相结合的神奇威力。

数学的奇妙在数学问题上展现得淋漓尽致。一个数学问题有时乍看像一座孤岛，与世隔绝，无路可走。然而，倘若假以舟楫，万顷波涛就是通途；倘若凭借羽毛，万里空域都是捷径。在通往解决问题的道路上，时而柳暗，时而花明，神奇美妙的风景无处不在，令人目不暇接。那种"路转溪桥忽见"的微妙，那种"众里寻他千百度，蓦然回首"的感觉，令人心旷神怡，也令人心驰神往。大的数学问题，是数学天赋的磨刀石，是数学天才的试金石，是数学创新的源泉，是数学发展的动力。比如，希尔伯特（在 1900 年提出的 23 个著名的）数学问题涉及现代数学的大部分重要领域，推动了 20 世纪数学的发展，造就了一个个伟大的数学家。而小的数学问题是培养创新能力的摇篮，是开展数学教育的利器。本书作者深深地理解数学问题的重要意义，在书中讲述了 89 个数学问题，每个问题都有一个奇特的方面：要么问题的提法有点"稀奇古怪"，要么解答有点"离经叛道"或者"出其不意"。但无论如何，作者都让人们在惬意中领略到数学的奇妙，在不经意间见识到数学的魅力。

本人非常荣幸地接受人民邮电出版社的委托来翻译该书，而且十分愿意通过自己的努力让这本风靡全球的数学科普著作走进国人的视野。本书可供学生、家长以及广大科技教育工作者阅读。

在翻译过程中，从数学内容到语言风格，本人都力求尊重原著。对于原著中出现的一些错误和失误，本人以脚注的形式进行了校订。

最后，感谢人民邮电出版社的信任，感谢刘朋编辑不断提出的弥足珍贵的修改意见，感谢黄凤显先生及其千金所提供的宝贵史料，感谢本人所在单位——烟台大学数学与信息科学学院的领导和同事的理解与支持，也感谢我的家人以及其他一些朋友的帮助和奉献！正是大家的合力才使本译著得以顺利完成并如期出版。当然，由于本人才疏学浅，译著中的不佳、不当、不妥乃至谬误之处在所难免，望广大读者批评指正并不吝赐教。

壬寅年孟春于三元湖畔

我们将这本趣味数学书献给我们的后代，以便他们成为因数学的力量和美而热爱它的众人之一。

你们的未来是无限的。

献给丽莎、丹尼尔、戴维、劳伦、麦克斯、塞缪尔和杰克。

——阿尔弗雷德·S. 波萨门蒂尔

献给马伦、特里斯坦、克劳迪娅、西蒙和米里亚姆。

——英格玛·莱曼

致　谢

作者谨衷心感谢纽约默西学院数学名誉教授伊莱恩·帕里斯博士的审校和极其有用的建议。她的洞察力和敏感性对一般读者是非常有帮助的。我们也感谢凯瑟琳·罗伯茨-亚伯非常出色地组织了这本书的制作，以及杰德·佐拉·西比莉亚在制作的各个阶段都进行了真正出色的编辑。史蒂文·L.米切尔值得称赞，因为他还让我们得以将另一本展示数学精华的图书奉献给广大读者。

前　言

　　很不幸，太多的人很难把数学看作娱乐。然而，有了这本书，我们希望把不太了解数学的普通读者变成数学的欣赏者。我们从一个非常不寻常的角度——各种各样的数学奇趣来讲述数学。这些问题包括但肯定不限于如下方面：有关数的特性以及数与数之间的关系的特性、令人惊讶的逻辑思维、不寻常的几何特征、看似困难却很容易理解的问题（这些问题可以用令人惊讶的简单方法来解决）、代数和几何之间的奇特关系以及对普通分数的不寻常的看法。

　　为了让读者真正欣赏数学的力量和美妙，我们用一种简洁的方式处理这些意想不到的数学问题。当浏览这些惊人的数学知识时，我们在第 1 章中会看到数与数之间的模式和关系。读者一看到这些模式就会认为它们是人为的，但它们不是。我们只不过挖掘出了一小部分在我们上学期间被大多数人所忽略的奇妙关系。不幸的是，教师没有花时间去寻找其中的一些美，导致学生在他们的学习阶段不能从一个更有利的角度看待数学。

　　在几个世纪的时间中，日本人对算额问题很着迷。我们将在第 2 章中欣赏这些问题所展示的几何知识，它们将使我们看到几何学的一个奇特的方面——这可能是我们在学校中学习几何学时所忽视的。我们将这些问题作为观察其他一些几何现象的切入点。

　　解决问题（以练习题或经过仔细分类的主题问题的形式呈现）会让大多数人回忆起学生时代。在做练习题时，死记硬背是通常所预期的；而面对主题问题，教师往往鼓励机械反应。这里所缺少的是一些数学挑战，即真正意义上的问题，如偏离常规方式的问题、不一定符合某一类型的问题、可以很容易地加以陈述的问题以及为一些惊人简单的解决方案提供了机会的问题。我们在第 3 章中介绍这些问题是为了深深地吸引那些对数学缺乏了解的读者！

集中趋势的度量方法在很大程度上被归入统计学的研究范畴，也许应当如此。然而，当从严格的数学（代数和几何）的角度来看待时，它们为通过几何证明代数结果或通过代数证明几何结果提供了一个大好机会。我们在第 4 章中讨论了七种平均数和集中趋势的度量，主要比较四种最常用的平均数，即算术平均数（通常所说的平均数）、几何平均数、调和平均数和均方根的相对大小。

学校里的分数教学主要讲授它们的四则基本算术运算，然而在本书的最后一章中，我们将从一个完全不同的角度来介绍分数。首先认识到古埃及人只使用单位分数（即分子为 1 的分数）和分数 $\frac{2}{3}$，我们将以最不寻常的方式展现单位分数，让其作为调和三角形的一部分，并最终导出法里序列。读者应该会被分数所深深吸引，因为我们将看到分数不仅代表一个数量参与普通的算术运算，而且有其他的意义。

我们所做的一切尝试都是为了使这些数学问题更容易被读懂，更有吸引力和启发性，从而使得广大读者相信数学就在我们身边，而且可以很有趣。作为这本书的一个额外作用，读者能够从数量和逻辑两个方面更好地感知我们周围的世界。

这个数学宝库中有许多例子，我们希望以一种完全可以理解的方式呈现，重新点燃读者对于数学的兴趣，让那些对于数学问题能够展示数学的力量和美好可能多少持有怀疑态度的人转变观念，提高认识水平，并能够担当伟大的数学领域的大使。我们编写这本书的目的之一是说服大众：人们应该享受数学，而不是"吹嘘"他们在学校中学习这门学科时是多么无奈。

目　录

第**1**章 ▶▶▶
算术奇珍

一般而言，在算术和数字中可以发现无限多的奇珍异宝。从某些特定数字的奇特性质到普通算术过程所展现出来的美妙数字关系，数学珍奇真的是无所不在。这些珍宝之所以如此有趣，正是因为那些有时令人费解的意外结果。在这一章中，我们将向你展现数学中的一些算术奥妙和数字的奇特性。其中有些是明显错误的东西，却会导致完全正确的结论；而另一些则是正常的运算过程，却导致完全出乎意料的结果。无论是哪种情况，我们都希望通过数学本身让你感到愉悦——而在此之前你不必将它应用到科学或现实世界的其他领域。在这里，我们的目的仅仅是展示一种特殊的美，让你感知数学是多么迷人、多么有趣。

滑稽可笑的错误

在上学的早期，我们学会了约分，那会使分数变得更简单。有一套常规的方法来正确地做到这一点。不过，某个自作聪明的人似乎想出了一种更为简捷的方法来化简某些分数。那么，他是正确的吗？

当被要求化简分数 $\frac{26}{65}$ 时，他采用如下做法：

$$\frac{2\cancel{6}}{\cancel{6}5}=\frac{2}{5}$$

也就是说，他只是消去了分子和分母中的两个 6，但是获得了正确的答案。这个程序正确吗？它能推广到其他分数吗？如果是这样的话，那么我们就确信自己曾经受到了小学老师的不公平对待，因为他们让我们做了多余的工作。让我们看看那个人究竟在这里做了什么，看看该方法是否可以推广。

E. A. 麦克斯韦在他的《数学谬误》（*Fallacies in Mathematics*）一书中把像这样的化简方法归为"滑稽可笑的错误"，比如：

$$\frac{1\cancel{6}}{\cancel{6}4}=\frac{1}{4};\ \frac{1\cancel{9}}{\cancel{9}5}=\frac{1}{5}$$

假如有人按照这样的方法来化简分数时得到了正确的答案，你一定会为之惊叹不已。这个简单的过程时不时给予我们正确的答案。为了审查这个不可理喻而又十分容易的分数化简方法，我们可以从下列几个分数开始：

$$\frac{16}{64},\ \frac{19}{95},\ \frac{26}{65},\ \frac{49}{98}。$$

当采用常规的方法将上述分数化成最简形式后，人们不禁会问：为什么不能通过如下消去法来化简分数呢？

$$\frac{1\cancel{6}}{\cancel{6}4}=\frac{1}{4}$$

$$\frac{1\cancel{9}}{\cancel{9}5}=\frac{1}{5}$$

$$\frac{2\cancel{6}}{\cancel{6}5}=\frac{2}{5}$$

$$\frac{4\cancel{9}}{\cancel{9}8}=\frac{4}{8}=\frac{1}{2}$$

此时，你可能会有些惊讶。你的第一反应可能是问：由两位数所构成的诸如此类的分数是否都可以如此化简呢？你能找到另一个能够如此化简的（由两位数构成的）分数吗？你可以将 $\frac{55}{55}=\frac{5}{5}=1$ 作为此类化简方法的一个示例。显然，这对于 11

的所有两位数倍数来说都是正确的。

对于那些对初等代数有良好应用经验的读者来说，我们可以"解释"这种不可理喻的事情。也就是说，可以说明为什么上面的 4 个分数是唯一可以进行此类化简的、由不同的两位数组成的分数。

考虑分数 $\dfrac{10x+a}{10a+y}$，其中分子的第二位数字和分母的第一位数字相同。

以上 4 个分数的化简其实就是消去分子和分母中的 a 后，让分数直接等于 $\dfrac{x}{y}$。

让我们研究关系式：$\dfrac{10x+a}{10a+y} = \dfrac{x}{y}$。可以由此式推出：

$$y(10x+a) = x(10a+y)$$

$$10xy + ay = 10ax + xy$$

$$9xy + ay = 10ax \rightarrow y(9x+a) = 10ax$$

因此有[1]：$y = \dfrac{10ax}{9x+a}$。

这里，x，y 和 a 当然都是整数，因为它们都是所给定的分数的分子和分母中的数字。现在我们的任务是找到 a 和 x 的值，使得 y 也是整数。为了避免大量的代数演算，我们创建一个表格，其中 y 的值由等式 $y = \dfrac{10ax}{9x+a}$ 获得。记住：x，y 和 a 必须是一位数。表 1.1 是你将构建的表格的一部分。注意，$x=a$ 的情形被排除掉了，因为此时有 $\dfrac{x}{a} = 1$。

表 1.1

x ＼ a	1	2	3	4	5	6	$\cdots$	9
1		$\dfrac{20}{11}$	$\dfrac{30}{12}$	$\dfrac{40}{13}$	$\dfrac{50}{14}$	$\dfrac{60}{15}=4$		$\dfrac{90}{18}=5$
2	$\dfrac{20}{19}$		$\dfrac{60}{21}$	$\dfrac{80}{22}$	$\dfrac{100}{23}$	$\dfrac{120}{24}=5$		

---

[1] 我们在这里的公式中补上了等号及其左端。——译者注

x \ a	1	2	3	4	5	6	...	9
3	$\frac{30}{28}$	$\frac{60}{29}$	▨	$\frac{120}{31}$	$\frac{150}{32}$	$\frac{180}{33}$		
4				▨				$\frac{360}{45}=8$
⋮								
9								

　　表格的这一小部分已经生成了 y 的 4 个整数值中的两个。也就是说，当 $x=1$，$a=6$ 时，$y=4$；而当 $x=2$，$a=6$ 时，$y=5$。这些值分别产生分数 $\frac{16}{64}$ 和 $\frac{26}{65}$。剩下的 y 的两个整数值将由如下两种情况得到：当 $x=1$，$a=9$ 时，有 $y=5$；而当 $x=4$，$a=9$ 时，有 $y=8$。这些值分别产生分数 $\frac{19}{95}$ 和 $\frac{49}{98}$。这应该让你确信：除了 11 的两位数倍数以外，只有 4 个这样的由两位数组成的分数。

　　让我们沿用这个想法，并研究是否有分子和分母超过两位数的分数也适用于这种奇特的消去法。尝试对分数 $\frac{499}{998}$ 使用这种类型的消去法化简，你将会得到 $\frac{4\not9\not9}{\not9\not98}=\frac{4}{8}=\frac{1}{2}$。

　　一个模式正在出现。按照该模式，你可以实现如下化简：

$$\frac{4\not9}{\not98}=\frac{4\not9\not9}{\not9\not98}=\frac{4\not9\not9\not9}{\not9\not9\not98}=\frac{4\not9\not9\not9\not9}{\not9\not9\not9\not98}=\frac{4}{8}=\frac{1}{2}$$

$$\frac{1\not6}{\not64}=\frac{1\not6\not6}{\not6\not64}=\frac{1\not6\not6\not6}{\not6\not6\not64}=\frac{1\not6\not6\not6\not6}{\not6\not6\not6\not64}=\frac{1}{4}$$

$$\frac{1\not9}{\not95}=\frac{1\not9\not9}{\not9\not95}=\frac{1\not9\not9\not9}{\not9\not9\not95}=\frac{1\not9\not9\not9\not9}{\not9\not9\not9\not95}=\frac{1}{5}$$

$$\frac{2\not6}{\not65}=\frac{2\not6\not6}{\not6\not65}=\frac{2\not6\not6\not6}{\not6\not6\not65}=\frac{2\not6\not6\not6\not6}{\not6\not6\not6\not65}=\frac{2}{5}$$

　　热情的读者可能希望证明这些原本滑稽可笑、貌似错误的扩展实际上却是正确的。此时，有愿望进一步寻找适用于此种奇特消去法的其他分数的读者应该考虑以下分数。他们应该验证这种奇怪的消去法的合法性，从而找到更多这样的分数。

$$\frac{3\!\!\!/32}{8\!\!\!/30} = \frac{32}{80} = \frac{2}{5}$$

$$\frac{3\!\!\!/85}{8\!\!\!/80} = \frac{35}{80} = \frac{7}{16}$$

$$\frac{13\!\!\!/8}{3\!\!\!/45} = \frac{18}{45} = \frac{2}{5}$$

$$\frac{27\!\!\!/5}{7\!\!\!/70} = \frac{25}{70} = \frac{5}{14}$$

$$\frac{16\!\!\!/3}{3\!\!\!/26} = \frac{1}{2}$$

　　除了需要使用代数方法推导出一些重要的前提条件以外，这个主题也给人以娱乐。这里还有一些此类"滑稽可笑的错误"。

$$\frac{48\!\!\!/4}{8\!\!\!/47} = \frac{4}{7}; \quad \frac{5\!\!\!/45}{65\!\!\!/4} = \frac{5}{6}; \quad \frac{4\!\!\!/24}{74\!\!\!/2} = \frac{4}{7}; \quad \frac{249\!\!\!/}{9\!\!\!/96} = \frac{24}{96} = \frac{1}{4}$$

$$\frac{484\!\!\!/8\!\!\!/4}{8\!\!\!/484\!\!\!/7} = \frac{4}{7}; \quad \frac{5\!\!\!/454\!\!\!/5}{65\!\!\!/45\!\!\!/4} = \frac{5}{6}; \quad \frac{4\!\!\!/242\!\!\!/4}{74\!\!\!/24\!\!\!/2} = \frac{4}{7}$$

$$\frac{32\!\!\!/4\!\!\!/3}{4\!\!\!/32\!\!\!/4} = \frac{3}{4}; \quad \frac{68\!\!\!/4\!\!\!/6}{8\!\!\!/64\!\!\!/8} = \frac{6}{8} = \frac{3}{4}$$

$$\frac{147\!\!\!/1\!\!\!/4}{71\!\!\!/468} = \frac{14}{68} = \frac{7}{34}; \quad \frac{8\!\!\!/780\!\!\!/48}{98\!\!\!/780\!\!\!/4} = \frac{8}{9}$$

$$\frac{14\!\!\!/28\!\!\!/57\!\!\!/1}{4\!\!\!/285\!\!\!/71\!\!\!/3} = \frac{1}{3}; \quad \frac{28\!\!\!/57\!\!\!/14\!\!\!/2}{85\!\!\!/71\!\!\!/4\!\!\!/26} = \frac{2}{6} = \frac{1}{3}; \quad \frac{34\!\!\!/61\!\!\!/53\!\!\!/8}{4\!\!\!/61\!\!\!/53\!\!\!/84} = \frac{3}{4}$$

$$\frac{7\!\!\!/67\!\!\!/12\!\!\!/32\!\!\!/87}{87\!\!\!/67\!\!\!/12\!\!\!/328} = \frac{7}{8}; \quad \frac{3\!\!\!/24\!\!\!/32\!\!\!/4\!\!\!/32\!\!\!/4\!\!\!/3}{4\!\!\!/32\!\!\!/4\!\!\!/32\!\!\!/4\!\!\!/324} = \frac{3}{4}$$

$$\frac{10\!\!\!/25\!\!\!/64\!\!\!/1}{4\!\!\!/102\!\!\!/56\!\!\!/4} = \frac{1}{4}; \quad \frac{3\!\!\!/24\!\!\!/32\!\!\!/4\!\!\!/3}{4\!\!\!/32\!\!\!/4\!\!\!/324} = \frac{3}{4}; \quad \frac{45\!\!\!/71\!\!\!/4\!\!\!/28}{5\!\!\!/71\!\!\!/4\!\!\!/285} = \frac{4}{5}$$

$$\frac{48\!\!\!/48\!\!\!/48\!\!\!/4}{8\!\!\!/48\!\!\!/48\!\!\!/47} = \frac{4}{7}; \quad \frac{5\!\!\!/95\!\!\!/23\!\!\!/80}{95\!\!\!/23\!\!\!/80\!\!\!/8} = \frac{5}{8}; \quad \frac{4\!\!\!/27\!\!\!/4\!\!\!/51\!\!\!/4}{64\!\!\!/28\!\!\!/57\!\!\!/1} = \frac{4}{6} = \frac{2}{3}$$

$$\frac{8\cancel{A}8\cancel{A}8\cancel{A}5}{6\cancel{5}\cancel{A}5\cancel{A}5\cancel{A}} = \frac{5}{6}; \quad \frac{69\cancel{2}3076}{9\cancel{2}39768} = \frac{6}{8} = \frac{3}{4}; \quad \frac{\cancel{A}2\cancel{A}2\cancel{A}24}{7\cancel{A}2\cancel{A}2\cancel{A}2} = \frac{4}{7}$$

$$\frac{538A615}{753A461} = \frac{5}{7}; \quad \frac{2051282}{8205128} = \frac{2}{8} = \frac{1}{4}; \quad \frac{3116883}{8311388} = \frac{3}{8}$$

$$\frac{6486486}{8648648} = \frac{6}{8} = \frac{3}{4}; \quad \frac{48484848A}{8484848A7} = \frac{4}{7}$$

本节的奇特之处已经表明，初等代数可以用于研究有趣的数论问题。然而，现在我们所看到的只不过是数学宝藏的冰山一角。数学将永远拥有这些宝藏，而我们在后面的章节中还会继续对其进行探索。

一幅题为《困难任务》的画

19 世纪末，俄国艺术家尼古拉·彼得罗维奇·贝尔斯基（1868—1945）创作了一幅题为《困难任务》（*A Difficult Assignment*）的画。在这幅画中（见图 1.1），我们看到一群学生正围绕着黑板进行思考。他们显然对一项算术挑战感到无比沮丧。

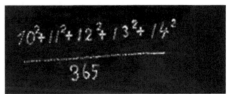

图 1.1

这里的问题是求 $\dfrac{10^2+11^2+12^2+13^2+14^2}{365}$ 的值。尝试在没有计算器的情况下解决这个问题。这当然是可行的，但是有点费时间。然而，通过数字之间存在的惊人关系，我们看到如下可资利用的性质：通过对 5 个平方数进行分组，我们发现前三项的平方和与后两项的平方和恰好相等，二者都是 365。这使得原本的计算任务变得易如反掌。

$$\frac{(10^2+11^2+12^2)+(13^2+14^2)}{365}=\frac{365+365}{365}=2$$

识别这一模式的人可能也认识以下模式：

$$3^2+4^2=5^2 \quad (=25)$$

$$10^2+11^2+12^2=13^2+14^2 \quad (=365)$$

$$21^2+22^2+23^2+24^2=25^2+26^2+27^2 \quad (=2030)$$

首先，你会注意到，在每种情况下，等号的左边比右边多一项，并且被平方的数是连续的。

雄心勃勃的读者可能试图找到下一个等式，其中 5 个平方数在等号的左边，4 个平方数在等号的右边。

虽然用计算器做这件事可能更容易，但更为有趣的是寻找一个使我们的计算变得更加简便的模式。

代数的魔力

有时，一个十分困难的算术问题可以通过一些基本的代数方法很好地进行简化。现在让我们考虑一个这样的例子。在当今世界，使用计算器很容易处理复杂的计算。然而，如何通过代数操作使一个非常复杂的计算变得极其容易，将是十分有趣的事情。

考虑这样一个任务：求 $\sqrt{1999\times2000\times2001\times2002+1}$ 的值。当然，通过使用计算器，我们可以发现这个烦琐的表达式的值等于 4001999。然而，有趣的是，看看我们如何对这个表达式进行一般化处理，从而发挥代数的优势。由于被乘的几个数是连续的，让我们看看这能否带给我们一定的便捷。我们首先让 $n = 2000$。于是根号下的数可以表示为：$(n-1) \cdot n \cdot (n+1) \cdot (n+2) + 1$。

现在做一些代数演算。把这个长代数式的各项相乘，然后再加上 1，由此得到：

$$(n-1) \cdot n \cdot (n+1) \cdot (n+2) + 1 = n^4 + 2n^3 - n^2 - 2n + 1$$

现在我们进行拆项并重新排列，得到一个恰当的表达式：

$$n^4 + 2n^3 - n^2 - 2n + 1 = n^4 + n^3 - n^2 + n^3 + n^2 - n - n^2 - n + 1$$

这使我们能够获得如下两个三项式的乘积：

$$n^4 + n^3 - n^2 + n^3 + n^2 - n - n^2 - n + 1 = (n^2 + n - 1)(n^2 + n - 1) = (n^2 + n - 1)^2$$

将根号下的原始项替换为上面得到的等价项，我们就能够将根号下的表达式简化为一个完全平方式，而这允许我们去掉根号。

$$\sqrt{(n-1) \cdot n \cdot (n+1) \cdot (n+2) + 1} = \sqrt{(n^2 + n - 1)^2} = \left| n^2 + n - 1 \right|$$

因为现在所处理的是自然数，所以我们可以得到以下结论：

$$\sqrt{(n-1) \cdot n \cdot (n+1) \cdot (n+2) + 1} = \sqrt{(n^2 + n - 1)^2} = n^2 + n - 1$$

因此，当 $n = 2000$ 时，我们得到：

$$\sqrt{1999 \times 2000 \times 2001 \times 2002 + 1} = 2000^2 + 2000 - 1 = 4000000 + 2000 - 1 = 4001999$$

这正是我们所期望的，因为它等于使用计算器所获得的结果。

我们已经看到代数如何帮助我们理解和简化算术过程。接下来我们准备探索隐藏在特定数字中的一些特性。对于许多数字，人们想当然地仅仅把它们看作它们自身所代表的数量。然而，我们将在这里展示一些相当奇特的数字洞察力和数字关系，这可能会使你从不同的角度来考虑和欣赏这些数字。

奇特的数字 8

在中国文化中，数字 8 是"幸运"数字。它有一个独特的算术特征：它是唯一比平方数小 1 的立方数，即 $8 = 2^3 = 9 - 1 = 3^2 - 1$。

奇特的数字 9

数字 9 是唯一等于两个连续自然数的立方和的平方数，也就是说[1] $9 = 3^2 = 1^3 + 2^3$。

当考虑立方和时，我们可以回忆起瑞士著名数学家莱昂哈德·欧拉（1707—1783）的发现：可以用两种方式表示为自然数立方和的最小自然数是 1729。也就是说，$1^3 + 12^3 = 1 + 1728 = 1729$，$9^3 + 10^3 = 729 + 1000 = 1729$。

现在回到数字 9。我们发现它可以用分数的形式表示出来，其中恰好将 0～9 这 10 个数字都使用了一次。就像我们在下面的分数中看到的那样，这些是唯一能带给我们这个惊人结果的分数：$9 = \dfrac{95742}{10638}$，$9 = \dfrac{95823}{10647}$，$9 = \dfrac{97524}{10836}$。然而，如果我们允许 0 在任何一个数中占据第一个位置，那么我们就得到了另外三个分数。它们都等于9，并且恰好将 0～9 这 10 个数字都使用了一次。这三个分数是：$9 = \dfrac{57429}{06381}$，$9 = \dfrac{58239}{06471}$，$9 = \dfrac{75249}{08361}$。

奇特的数字 11

数字 11 确实很神奇。根据英国国王乔治五世的说法，1918 年的停战发生在那年的 11 月 11 日 11 时。

在美国所使用的度量衡系统中，数字 11 作为长度度量的一个因数出现：11×20 码 = 1 弗隆，11×160 码 = 1 英里[2]。

我们还应该注意，数字 11 是唯一具有偶数位数的回文质数（素数）。另外，这里还提供了关于数字 11 的其他一些奇特性。

[1] 我们在这个算式中补上了 3 的平方。——译者注
[2] 1 英里=1609.344 米。——译者注

首先，11^2 等于 3 的 5 个连续的方幂之和，即：

$$11^2 = 121 = 3^0 + 3^1 + 3^2 + 3^3 + 3^4$$

其次，11^3 等于三个连续奇数的平方和：

$$11^3 = 1331 = 19^2 + 21^2 + 23^2$$

我们还可以用两种不同的方式将数字 11 表示为一个数的平方与一个质数的和，而且它是具有这种属性的最小数。

$$11 = 2^2 + 7$$
$$11 = 3^2 + 2$$

现在这里还有 11 的另外一条性质，它真的很奇特。如果我们把任何一个可以被 11 整除的数的数位完全颠倒过来，那么所得到的数也一定能被 11 整除。为了证明这一点，让我们举一个例子。数字 135916 是 12356 的 11 倍，将数字反向得到 619531——正好是 11 乘以 56321，显然是 11 的倍数。你可能希望尝试 11 的其他倍数，从而让你的朋友对 11 的这个特点产生兴趣。

这里有一个涉及 11 的小把戏。任取一个没有两个相邻数字之和大于 9 的数，接着把这个数乘以 11，再把所得乘积的数位完全颠倒过来，最后将这个结果除以 11。你会发现所得数的数位与原数恰好相反。让我们以数 235412 为例（这是一个没有两个相邻数字之和大于 9 的数）来验证一下。将它乘以 11，我们得到 $235412 \times 11 = 2589532$；将这个积的数位反过来，我们得到 2359852；再除以 11，我们得到 214532，这个数的各位数字恰好与原数相反。

除了是第五个质数，数字 11 也是第五个卢卡斯数，即卢卡斯数列中的第五个数。你可能会记得卢卡斯数列是一个以 1 和 3 开头的数列，其中每个后续数都是前两个数之和，可写作：1，3，4，7，11，18，29，47，76，123，…。卢卡斯数列是由法国数学家爱德华·卢卡斯（1842—1891）推广普及的，其想法来源于斐波那契数列，后者也由于卢卡斯而得以普及。

在图 1.2 中的帕斯卡三角形的左边，你会注意到每一行中的数字之和产生 2 的方幂，而斜向和显示斐波那契数。这与卢卡斯数相似，因为它们也是由连续数字之和产生的。然而，这一次开头的前两个数字为 1 和 1，该数列为 1，1，2，3，5，8，13，21，34，55，89，…。

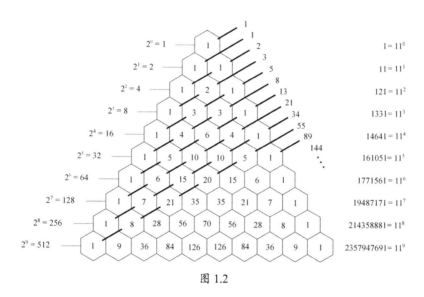

图 1.2

我们还可以在著名的帕斯卡三角形的前几行中找到 11 的方幂。如图 1.2 所示，在前五行中，11 的方幂直接呈现出来，如：

$$11^4 = 14641 = 1 \times 10^4 + 4 \times 10^3 + 6 \times 10^2 + 4 \times 10^1 + 1 \times 10^0$$

为了得到 11 的 5 次方，我们注意到这一行有两位数。因此，我们需要把出现的所有两位数的十位数字都进位到其左边相邻的高位上去，由此得到 $11^5 = 161051$，见表 1.2。

表 1.2

计算次数＼第六行中的数	1	5	10	10	5	1
1	1	5	10 + 1	0	5	1
2	1	5 + 1	0	0	5	1
3	**1**	**6**	**1**	**0**	**5**	**1**

通过下列表达式，你能够更好地理解这一点。

$$\mathbf{1}\times 10^5+\mathbf{5}\times 10^4+\mathbf{10}\times 10^3+\mathbf{10}\times 10^2+\mathbf{5}\times 10^1+\mathbf{1}\times 10^0$$

$$=1\times 10^5+5\times 10^4+10\times 10^3+1\times 10^3+0\times 10^2+5\times 10^1+1\times 10^0$$

$$=1\times 10^5+(5+1)\times 10^4+1\times 10^3+0\times 10^2+5\times 10^1+1\times 10^0$$

$$=\mathbf{1}\times 10^5+\mathbf{6}\times 10^4+\mathbf{1}\times 10^3+\mathbf{0}\times 10^2+\mathbf{5}\times 10^1+\mathbf{1}\times 10^0$$

$$=161051$$

$$=11^5$$

类似地，我们以同样的方式得到 $11^6=1771561$，见表 1.3。

表 1.3

第七行中的数 计算次数	1	6	15	20	15	6	1
1	1	6	15	20 + 1	5	6	1
2	1	6	15 + 2	1	5	6	1
3	1	6 + 1	7	1	5	6	1
4	1	7	7	1	5	6	1

让我们来讨论一种非常巧妙的乘以 11 的方法。这种技巧总是使那些患有数学恐惧症而又相信此法的人着迷，因为它是如此简单，以至于比用计算器计算还要容易。

规则很简单：若要将一个两位数乘以 11，那么只需将它的两个数字相加，并将这个和放在这两个数字之间。

让我们尝试使用这种技巧。假设你想把 45 乘以 11，根据上述规则，把 4 和 5 相加得到 9，然后把 9 放在 4 和 5 之间，便得到 495。

当你插入的两个数字之和为两位数时，事情确实会变得复杂一点。在这种情况下，我们该怎么办呢？我们不再有一个可以放置在两个原始数字之间的一位数。因此，如果两个数字之和大于 9，我们就将和的个位数放置在被 11 乘的数的两个数字之间，并将和的十位数字进位到乘积的百位上。让我们用 78 乘以 11 来试试。我们从 7 + 8 = 15 开始，将 5 放置在 7 和 8 之间，并将 1 加到 7 上，由此得到的结果为 [7 + 1][5][8] 或 858。

当 11 乘以两位以上的数时，你可以自然地问道：上述规则是否也适用？让我们尝试一个更大的数，如 12345，将其乘以 11，看看我们的方法是否仍然有效。

这里，我们从右向左将每一对相邻的数字相加：

$$1[1 + 2][2 + 3][3 + 4][4 + 5]5 = 135795$$

回想一下，当我们将这个乘积的各位数字逆转为 597531 时，会产生什么结果？当把这个逆转出来的数除以 11 时，我们得到 54321。请注意，这个数中各个数位上的数字的排列顺序恰好与上面的乘数 12345 相反。一个喜欢刨根问底的读者可能想确定究竟何时会出现像这种答案与乘数相反的情况。

现在回到我们上面提到的一个数乘以 11 的巧妙算法下。考虑一个数，其中两个相邻数位上的数字之和大于 9。这里，我们使用前面描述的过程，恰当地放置和的个位数字并将其十位数字进位。下面给出一个例子。

为了得到 456789 与 11 的乘积，我们按如下方法进行计算：

$$4[4 + 5][5 + 6][6 + 7][7 + 8][8 + 9]9$$
$$4[4 + 5][5 + 6][6 + 7][7 + 8][17]9$$
$$4[4 + 5][5 + 6][6 + 7][7 + 8 + 1][7]9$$
$$4[4 + 5][5 + 6][6 + 7][16][7]9$$
$$4[4 + 5][5 + 6][6 + 7 + 1][6][7]9$$
$$4[4 + 5][5 + 6][14][6][7]9$$
$$4[4 + 5][5 + 6 + 1][4][6][7]9$$
$$4[4 + 5][12][4][6][7]9$$
$$4[4 + 5 + 1][2][4][6][7]9$$
$$4[10][2][4][6][7]9$$
$$[4 + 1][0][2][4][6][7]9$$
$$[5][0][2][4][6][7]9$$
$$5024679$$

你可以和你的朋友分享这个乘以 11 的简单规则，他们不仅会赞赏你的聪明才智，而且会因为你让他们知道了这个简便的算法而心存感激。更为重要的是，这将使你成为一位优秀的数学大使。

可以问一个奇怪的问题：如何确定一个给定的数是否可以被 11 整除？如果你的手头有计算器，那么这个问题就很容易解决，但情况并不总是如此。此外，有一个巧妙的"规则"可以用来测试一个数是否可以被 11 整除。不用提它的效用，仅凭它的魅力，这个规则就值得我们知晓。

规则很简单：当且仅当两组交替位数上的数字之和的差能被 11 整除时，原数才能被 11 整除。

这听起来可能有点复杂，但实际上并非如此。让我们一点一点地解释这条规则。交替位上的数字之和意味着你从一个数的末尾开始，取第一、三和五等位上的数字相加，然后将剩下的数位（偶数位）上的数字相加，再将以上两个和相减，并检查所得的差是否可以被 11 整除。

这可以通过一个例子来很好地说明。我们将检验 768614 是否可以被 11 整除。两组交替位上的数字之和为 $7+8+1=16$，$6+6+4=16$。这两个和的差为 $16-16=0$，它可以被 11 整除。因此，我们得知 768614 可以被 11 整除。

另外一个例子可能有助于巩固你对这个过程的理解。为了确定 918082 是否能被 11 整除，我们计算出了两组交替位上的数字之和：$9+8+8=25$，$1+0+2=3$。它们的差是 $25-3=22$，可以被 11 整除。因此，我们断定 918082 可以被 11 整除。

所有数位上的数字都是 1 的数

在看到了数字 11 的一些不寻常的特征之后，我们考虑所有数位上的数字都是 1 的更大的数。所有数位上的数字都是 1 的数可以叫作 1-重叠数。

11 之后的下一个更大的 1-重叠数是 111，它也有一些奇特的性质。

数字 111 是第三个平方差，而数字 1111 是第四个平方差。我们发现，下列平方差的数列生成 1-重叠数。

$$1^2 - 0^2 = 1$$
$$6^2 - 5^2 = 11$$
$$20^2 - 17^2 = 111$$
$$56^2 - 45^2 = 1111$$
$$156^2 - 115^2 = 11111$$
$$556^2 - 445^2 = 111111$$

$$344^2 - 85^2 = 111111$$
$$356^2 - 125^2 = 111111$$

在这个生成 1-重叠数的列表中，我们看到其中出现了一个模式。请看列表中的第二、四、六行，你将注意到用于生成 1-重叠数的数字之间的一种额外的模式：每次为了生成一个新的 1-重叠数，就必须将一个额外的 5 和一个额外的 4 分别添加到相应数字的前面。如果继续重复这个模式，我们就将看到一个壮观的图形逐步展现出来。

$$6^2 - 5^2 = 11$$
$$56^2 - 45^2 = 1111$$
$$556^2 - 445^2 = 111111$$
$$5556^2 - 4445^2 = 11111111$$
$$55556^2 - 44445^2 = 1111111111$$
$$555556^2 - 444445^2 = 111111111111$$
$$5555556^2 - 4444445^2 = 11111111111111$$
$$55555556^2 - 44444445^2 = 1111111111111111$$
$$555555556^2 - 444444445^2 = 111111111111111111$$
$$\cdots\cdots$$
$$55555555555555556^2 - 44444444444444445^2$$
$$= 1111111111111111111111111111111111$$

在这个列表中，唯一的质数是 11。实际上，1-重叠数中的下两个质数是 1111111111111111111 和 11111111111111111111111。很明显，对于这两个数字，无论各位数字怎么排列，所得到的数字与原来的数字始终相同，因此它仍然是质数。

然而，我们应该注意到，实际上存在这样的质数，其各位数字的每一种排列方式都会导致另外的质数。前几个这样的质数是 11，13，17，37，79，113，199，337。你可能想再找几个这样的质数。

作为"奇特的数字 11"的故事的继续，我们考察由平方差产生的 1-重叠数的倍数。

$$7^2 - 4^2 = 33 = 3 \times 11$$
$$67^2 - 34^2 = 3333 = 3 \times 1111$$
$$667^2 - 334^2 = 333333 = 3 \times 111111$$
$$6667^2 - 3334^2 = 33333333 = 3 \times 11111111$$
$$66667^2 - 33334^2 = 3333333333 = 3 \times 1111111111$$

下面是这种数的另一种值得称道的模式：

$$8^2 - 3^2 = 55 = 5 \times 11$$
$$78^2 - 23^2 = 5555 = 5 \times 1111$$
$$778^2 - 223^2 = 555555 = 5 \times 111111$$
$$7778^2 - 2223^2 = 55555555 = 5 \times 11111111$$
$$77778^2 - 22223^2 = 5555555555 = 5 \times 1111111111$$

在对 1-重叠数的进一步研究中，我们发现了一个有趣的模式：用 111111111 除以 9，得到 12345679。注意，我们得到了一个各位数字按照自然顺序排列的多位数，但其中缺少数字 8。当我们考虑以下模式时，8 将出现在用于生成 1-重叠数的数中。

$$0 \times 9 + 1 = 1$$
$$1 \times 9 + 2 = 11$$
$$12 \times 9 + 3 = 111$$
$$123 \times 9 + 4 = 1111$$
$$1234 \times 9 + 5 = 11111$$
$$12345 \times 9 + 6 = 111111$$
$$123456 \times 9 + 7 = 1111111$$
$$1234567 \times 9 + 8 = 11111111$$
$$12345678 \times 9 + 9 = 111111111$$

别停下来，继续重复该模式，直到出现下列算式。

$$123456789 \times 9 + 10 = 1111111111$$

正如你所看到的那样，1-重叠数（有时也称为重单位数）似乎产生了一些相当有趣的关系和模式。让我们来研究取连续的重单位数的平方时会发生什么，见表 1.4。

表 1.4

1 的个数	n	n^2
1	1	1
2	11	121
3	111	12321
4	1111	1234321
5	11111	123454321
6	111111	12345654321
7	1111111	1234567654321
8	11111111	123456787654321
9	111111111	12345678987654321
10	1111111111	1234567900987654321

　　为了更好地了解这些重单位数，我们对它们进行如下的质数分解。

$r_1 =$	1 $=$	1	$r_{11} =$	11111111111 $=$	21649·513239
$r_2 =$	**11** $=$	**11**	$r_{12} =$	111111111111 $=$	3×7×11×13×37×101×9901
$r_3 =$	111 $=$	3×37	$r_{13} =$	1111111111111 $=$	53×79×265×371×653
$r_4 =$	1111 $=$	11×101	$r_{14} =$	11111111111111 $=$	11×239×4649×909091
$r_5 =$	11111 $=$	41×271	$r_{15} =$	111111111111111 $=$	3×31×37×41×271×2906161
$r_6 =$	111111 $=$	3×7×11×13×37	$r_{16} =$	1111111111111111 $=$	11×17×73×101×137×5882353
$r_7 =$	1111111 $=$	239×4649	$r_{17} =$	11111111111111111 $=$	2071723×5363222357
$r_8 =$	11111111 $=$	11×73×101×137	$r_{18} =$	111111111111111111 $=$	3^2×7×11×13×19×37×52579×333667
$r_9 =$	111111111 $=$	3^2×37×333667	$r_{19} =$	**1111111111111111111** $=$	**1111111111111111111**
$r_{10} =$	1111111111 $=$	11×41×271×9091	$r_{20} =$	11111111111111111111 $=$	11×41×101×271×3541×9091×27961

　　我们注意到 r_2 和 r_{19} 是质数，那么问题就来了：还有其他类似的重单位数是质数吗？答案是肯定的。数学家多年来一直在努力解决这个问题。德国数学家古斯塔夫·雅各布·雅各比（1804—1851）探讨了重单位数 r_{11} 是不是质数的问题。今天，计算机代数系统可以在不到 1 秒的时间内回答这个问题。人工分解重单位数通常非常困难，然而借助计算机，我们发现重单位数 r_{71} 可以分解出如下两个因数，因此它不是质数。

$r_{71} =$ 11111111111111111111111111111111111111111111111111111111111111111111111
= 241573142393627673576957439049×45994811347886846310221728895223034301839

　　1930 年，人们已经知道 r_2 和 r_{19}（奥斯卡·霍普，1916 年）以及 r_{23}（莱默、克拉奇克，1929 年）是质数。1970 年，一名数学专业的学生 E. 赛证明了重单位数 r_{317}

也是一个质数。在重单位数中搜索质数的工作一直续着。1985 年，H. C. 威廉姆斯和 H. 杜伯纳发现重单位数 r_{1031} 是一个质数。被确定为质数的其他重单位数还有 r_{49081}（H. 杜伯纳，1999 年）、r_{86453}（L. 巴克斯特，2000 年）、r_{109297}（P. 鲍德莱斯、H. 杜伯纳，2007 年）和 r_{270343}（M. 沃兹和 A. 巴迪，2007 年）。今天，人们相信有无限多个重单位数是质数。

特殊数三重奏：16，17，18

16，17，18 这三个数有着奇妙的关系。首先，让我们来看看 16 和 18 这一对数的特殊关系。二者中的每一个数都可以表示一个矩形的面积，该矩形的面积在数值上等于这个矩形的周长。也就是说，边长为 4 个长度单位的矩形（在这种情况下，实际上是正方形）的面积为 16 个面积单位，而周长为 16 个长度单位。类似地，长和宽分别为 6 个长度单位和 3 个长度单位的矩形的面积为 18 个面积单位，其周长为 18 个长度单位。16 和 18 是具有这种性质的仅有的两个自然数。

单独检查 16，我们发现它可以写成底和幂指数可交换的方幂形式，即 $16 = 2^4$ 和 $16 = 4^2$。没有其他数具有这种性质！

回顾一下三角形数。16 可以用两种方式写成三角形数的和，即 $16 = 6 + 10 = 1 + 15$。16 是具有这种特性的最小平方数。

毕达哥拉斯被 16 和 18 这两个数迷住了，并且鄙视把这两个数分开的 17。然而，17 也有一些特殊的属性。它是第七个质数，而且它生成了第六个梅森数 131071。另外，17 是前四个质数的和，即 $2 + 3 + 5 + 7 = 17$。也许 17 最著名的表现是它代表了一个可以用直尺和圆规来构作的正多边形的边数。著名的德国数学家卡尔·弗里德里希·高斯（1777—1855）为他在早年就证明了这一点而感到无比自豪，以至于这件事最终被刻在了他的墓碑上。

17 也有一些奇怪的特点。例如，$17^3 = 4913$，这个数的各位数字之和是 17，即 $4 + 9 + 1 + 3 = 17$。顺便说一句，具有这一特点的其他所有数字是 1，8，18，26，27。你可能希望检查这些数是否确实具有这一特点。我们在这里提供一个示例：

$26^3 = 17576$，$1 + 7 + 5 + 7 + 6 = 26$。有些质数的各位数字反转后依然是一个质数，如 13，17，31，37，71，73，79，97，107，113，149，157，…。从这个列表的前几项可以看出，17 是这些不寻常的数字之一。

现在，让我们检查一下什么能使数字 18 与众不同。

我们首先要注意的是，与 17 类似，当我们快速说话（这里指说英文）时，18 往往与 80 混淆。在我们的社会中，数字 18 代表了一个完整的高尔夫球场上的洞数、拖车的车轮数以及美国许多州的最低投票年龄。

还有另一件令人感到惊讶的事情：conservationalists（保守主义者）和 conversationalists（健谈者）这两个由 18 个字母组成的单词的差别仅仅在于其中个别字母的排列顺序颠倒。如果将科学术语排除在外，那么它们就是英语中具有这种特点的最长的一对单词。

从古至今，数字 18 在懂希伯来语的人群中享有特殊的声望。几个世纪以来，希伯来学者一直使用一种叫作希伯来字母代码的程序来分析经文，这种技术包括让希伯来语中的一个单词的字母承担它们的数字等价物。当一个人用希伯来语字符表示数字 18 时，它看起来就像 ’n 这个样子。在希伯来语中，当被看作一个词时，这两个字母拼出了 life（生命）这个单词，它通常被看作一种幸运符。在中国文化中，数字 18 代表一个词，意味着某人要发财或者发达。

然而，数字 18 也有一些有趣的数学性质。例如，它是自身数字之和的两倍，而且它是唯一具有该性质的数字。当看到这一现象时，我们可以将这一不寻常的事实扩展如下：$1 + 8 = 9$，反转过来为 $81 = 9 \times 9$，81 是 18 中的两个数字之和的平方。我们可以通过在 18 的两个数字之间插入一个 9 来继续这个模式，得到 $198 = 99 + 99$。然后再次反转数字，得到：$891 = 9 \times 99$。在这个主题上，我们可以看到 $18 + 81 = 99$ 和 $9 + 9 = 18$。我们可以扩展这个奇怪的性质。

$$18 = 9 + 9 \qquad\qquad 81 = 9 \times 9$$
$$198 = 99 + 99 \qquad\qquad 891 = 9 \times 99$$
$$1998 = 999 + 999 \qquad\qquad 8991 = 9 \times 999$$
$$19998 = 9999 + 9999 \qquad\qquad 89991 = 9 \times 9999$$

如此继续下去！

数字 18 所具有的另一个特性可以在我们考察它的 3 次方与 4 次方的时候看到。此时，我们会发现从 0 到 9 的每个数字都恰好被使用了一次。

$$18^3 = 5832, \quad 18^4 = 104976$$

更进一步，人们可能已经注意到 5832 的各位数字之和是 18，即 $5 + 8 + 3 + 2 = 18$。这已经足够惊人了。当我们考察 18 的 6 次方和 7 次方时，还会发现更多的惊人之处。我们将会再一次看到，18 的这些方幂的各位数字之和也是 18。比如，$18^6 = 34012224$，$3 + 4 + 0 + 1 + 2 + 2 + 2 + 4 = 18$；$18^7 = 612220032$，$6 + 1 + 2 + 2 + 2 + 0 + 3 + 2 = 18$。

可以将这一规律提高到一个"更高"的水平。我们发现 $18^{18} = 39346408075296537$ 575424，并且看到 $3 + 9 + 3 + 4 + 6 + 4 + 0 + 8 + 0 + 7 + 5 + 2 + 9 + 6 + 5 + 3 + 7 + 5 + 7 + 5 + 4 + 2 + 4 = 108$。

让我们用 18 来做一个数字游戏。首先任取一个三位数，其各位数字都不同，然后重新排列各位数字以形成最大的数和最小的数，再用这个最大的数减去最小的数。你会发现所得结果的各位数字之和恰好是 18。

让我们举一个例子。我们选择数字 584，重新排列其各位数字 5，8，4，可以得到最小的数 458 与最大的数 854。再做减法，$854 - 458 = 396$。这个数的各位数字之和（$3 + 9 + 6$）等于 18。试着验证其他三位数，发现它们也具有这种性质。如果你在晚宴上表演这个数字游戏，一定会给人留下深刻的印象。

我们还可以考察第十八个斐波那契数，并证明它等于如下四个连续数的立方和，即 $F_{18} = 2584 = 7^3 + 8^3 + 9^3 + 10^3$。

你可能记得 18 也是第六个卢卡斯数，可能还想看看这个受欢迎的数字的其他令人惊讶的性质。

奇特的数字 30

数字 30 是前四个正整数的平方和：$1^2 + 2^2 + 3^2 + 4^2 = 1 + 4 + 9 + 16 = 30$。

30 也是具有如下性质的最大的数：其所有小于自身（1 除外）的互质数（两个

数的唯一的公因数是 1 ）都是质数。与 30 互质的数有：7，11，13，17，19，23，29。具有这种性质的其他数字是 3，4，6，8，12，18，24。由此可以看出，30 是具有这种性质的最大的数。

1907 年，德国学生 H. 邦赛用初等的方法（不用微积分）证明了 30 的上述性质。这一证明也可以在拉德马赫与托普里茨合著的《享受数学：给业余爱好者的数学选集》(*The Enjoyment of Mathematics:Selections from Mathematics for the Amateur*) 一书中找到。

奇特的数字 37

我们知道数 37 是质数，而且它具有下面我们将要讨论的一些非常独特的性质。我们把一个数 n 的各位数字的平方和记作 $Q^2(n)$。对于 37，我们有 $Q^2(37) = 3^2 + 7^2 = 58$。到目前为止，我们看到的内容基本上还是平淡无奇。但是，如果从这个数字中减去 37 的各位数字的乘积，那么我们就将得到一个令人惊讶的结果。

$$Q^2(37) - 3 \times 7 = 58 - 21 = 37$$

换一种方式：$Q^2(37) = 37 + 3 \times 7$。这是一个相当令人惊奇的性质，以至于人们会好奇是否还有其他的两位数也具有这样的性质。一般来说，$n = \overline{ab}$，其中 a，$b \in \{0,1,2,3,4,5,6,7,8,9\}$ 且 $a \neq 0$；记住 $\overline{ab}$ 是十进制下的两位数，满足 $Q^2(\overline{ab}) - a \cdot b = \overline{ab}$。换一种表达方式，就是 $Q^2(\overline{ab}) = \overline{ab} + a \cdot b$。

为了回答除了 37 以外是否还有其他的两位数具有所要求的性质这个问题，我们考虑一般情况 $a^2 + b^2 - a \cdot b = 10a + b$。借助计算机，我们发现只有数字 48 与 37 共享前述性质。事实上，当 $n = 48$ 时，我们有：

$$Q^2(48) - 4 \times 8 = 4^2 + 8^2 - 4 \times 8 = 16 + 64 - 32 = 48$$

一个预期的问题可能会出现，即是否有三位数具有这种性质？或者，是否存在 $n = \overline{abc}$（a，b，$c \in \{0,1,2,3,4,5,6,7,8,9\}$ 且 $a \neq 0$，$\overline{abc}$ 是十进制下的三位数），使得 $Q^2(\overline{abc}) - a \cdot b \cdot c = \overline{abc}$，即 $Q^2(\overline{abc}) = \overline{abc} + a \cdot b \cdot c$？我们再一次借助计

算机，发现没有三位数具有这种性质。

数字 37 所满足的上述性质可以进一步推广，而这同样给我们留下了深刻的印象。这次我们将考虑一个数 n 的各位数字的立方和——记为 $Q^3(n) = Q^3(\overline{ab}) = a^3 + b^3$。

让我们考虑 37 与其两位数字之和的乘积。

$$37 \times Q(37) = 37 \times (3 + 7) = 37 \times 10 = 370$$

37 的各位数字的立方和为：$Q^3(37) = 3^3 + 7^3 = 27 + 343 = 370$

这表明 37 满足一个规律，将其一般化后可以得到：$\overline{ab} \cdot Q(\overline{ab}) = Q^3(\overline{ab})$。

我们再一次问：37 是不是具有该性质的唯一的两位数？或者说，是否还有其他的两位数具有这一性质？借助计算机，我们得到了答案：是的。还有一种情况使得这种关系成立，又是 48，这可以通过解如下方程得到：$(10a + b)(a + b) = a^3 + b^3$，即 $10a^2 + 11ab + b^2 = a^3 + b^3$。

因此，对于 $n = 48$，我们得到 $48 \times Q(48) = 48 \times (4 + 8) = 48 \times 12 = 576$，$Q^3(48) = 4^3 + 8^3 = 64 + 512 = 576$。

这可以推广到三位数吗？是否有 $n = \overline{abc}$（其中 a, b, $c \in \{0, 1, 2, 3, 4, 5, 6, 7, 8, 9\}$ 且 $a \neq 0$），使得 $\overline{abc} \cdot Q(\overline{abc}) = Q^3(\overline{abc})$？遗憾的是，计算机搜索的结果告诉我们没有三位数能满足这种关系。

我们将要求改为寻找三位数 $n = \overline{abc}$（其中 a, b, $c \in \{0, 1, 2, 3, 4, 5, 6, 7, 8, 9\}$ 且 $a \neq 0$），使得 $\overline{abc} \cdot (\overline{ab} + c) = \left(\overline{ab}\right)^3 + c^3$。再次借助计算机，我们发现有四个数具有这种性质，它们是 100，111，147，148。

$$100 \times (10 + 0) = 100 \times 10 = 1000 \text{ 且 } 10^3 + 0^3 = 1000 + 0 = 1000$$

$$111 \times (11 + 1) = 111 \times 12 = 1332 \text{ 且 } 11^3 + 1^3 = 1331 + 1 = 1332$$

$$147 \times (14 + 7) = 147 \times 21 = 3087 \text{ 且 } 14^3 + 7^3 = 2744 + 343 = 3087$$

$$148 \times (14 + 8) = 148 \times 22 = 3256 \text{ 且 } 14^3 + 8^3 = 2744 + 512 = 3256$$

求知欲旺盛的读者可能希望寻找其他类似的关系。

奇特的数字 72

下面我们介绍著名的"72 法则"。该法则断言：粗略地说，当以每年 r 个百分点的复利投资时，金额将在 $\frac{72}{r}$ 年内翻一番。例如，当我们以每年 8 个百分点的复利投资时，金额将在 9（即 $\frac{72}{8}$）年内翻一番。为了搞清楚为什么是这样，或者说看看这个法则是否真的有效，我们考虑复利计算公式 $A = P\left(1 + \frac{r}{100}\right)^n$，其中 P 是投入的本金，r 为年利率，n 为年数，A 是由此产生的金额（本利之和）。

我们需要看看 $A = 2P$ 时究竟会发生什么。利用上述方程，我们得到如下等式。

$$A = P\left(1 + \frac{r}{100}\right)^n \tag{1}$$

由此推出[1]：

$$n = \frac{\log 2}{\log\left(1 + \dfrac{r}{100}\right)} \tag{2}$$

让我们根据上述方程列出一个（四舍五入的）数值表，见表 1.5。

表 1.5

r	n	$n \cdot r$
1	69.66071689	69.66071689
3	23.44977225	70.34931675
5	14.20669908	71.03349541
7	10.24476835	71.71337846
9	8.043231727	72.38908554
11	6.641884618	73.0607308
13	6.641884618	73.72842319
15	4.959484455	74.39226682

---

[1] 此处对数的计算结果与底数无关。——译者注

如果取 $n \cdot r$ 的算术平均数（即通常所说的平均数），我们就会得到 72.04092673，这个值非常接近 72。因此，我们的"72 法则"似乎非常接近一个事实，即当以每年 r 个百分点的复利投资时，金额将在 $\dfrac{72}{r}$ 年内翻一番。

善于融会贯通的读者可能会模仿我们让金额加倍的方式，以确定一个让金额变成本金的三倍或四倍的"法则"。如果将 2 倍改为 k 倍，那么上述方程（2）就会变为[1]：

$$n = \frac{\log k}{\log\left(1 + \dfrac{r}{100}\right)}$$

由此可以计算出，当 $r = 8$ 时，$n = 29.91884022\log k$。因此，$nr = 239.3507218\log k$。对于 $k = 3$（三倍效应），我们得到 $nr = 114.1821673$。

于是我们可以说，为了把钱变成原来的 3 倍，我们有一个"114 法则"。

无论人们多么希望探讨这个话题，这里的重要问题是：流行的"72 法则"为投资基金提供了一个有用的指导原则，并为我们展现了数字 72 的神奇之处。

惊人的数字 193939

我们现在给出的是真正了不起的质数 193939。如果将这个数字反过来写，我们就会得到 939391——这也是一个质数。通过考虑这个数字的各种变换，我们得到如下一些质数：193939，939391，393919，939193，391939，919393。

圆周率 $\pi = 3.14159265358979\cdots$ 有很多奇特的性质，感兴趣的读者可以参看一本书，其中包含诸多此类话题。这本书的名字是《π：世界上最神秘的数字的传记》（*Pi: A Biography of the World's Most Mysterious Number*）（普罗米修斯出版公司，2003 年）。然而，我们在这里仅向大家介绍关于这个数字的两条奇特的性质，其中第一条来自《圣经》。

我们前面提到，有一个历史悠久的希伯来字母代码。数个世纪以来，学者通过它

---

[1] 此处对数的计算结果与底数无关。——译者注

分析古代希伯来的《圣经》。人们总是喜欢一种观念，即隐藏的代码可以揭示久远的秘密。《圣经》中对π值的粗略解释就是如此。直到最近，大多数关于数学史的图书都将最早的π值追溯到它在《圣经》中的出现。当你读到描述所罗门王庭院中的水池或喷泉池的句子（其中说它的周长为 30 肘，直径为 10 肘，得到的π值等于 3，即 $\pi = \dfrac{30}{10} = 3$）的时候，你会得出结论：这就是《圣经》时代的π值。《圣经》中有两处描述所罗门王庭院中的水池或喷泉池的文字，除了一个单词在这两处引文中的拼写不同以外，其他每一个方面的描述都是相同的（见《列王纪上 7:23》与《历代志下 4:2》）：

"他又铸一个铜海，样式是圆的，高五肘，径十肘，围三十肘。"

18 世纪晚期，维尔纳的以利亚（1720—1797）曾赢得"维尔纳的高恩"（意思是维尔纳的光辉）的称号。他有一个了不起的发现，该发现可能会使大多数数学著作中有关数学的历史需要改写。他注意到希伯来语中的"线度量"在上面提到的两个段落中的写法是不同的。《列王记上 7:23》中写的是 חוק，而《历代志下 4:2》中写的是 קו。以利亚运用《圣经》分析技术（以希伯来字母在字母表中的顺序所对应的数值作为代码），对"线度量"这个词的两种拼写方法进行了分析。于是，他有了以下发现：文中所用到的希伯来字母的值为：ק= 6，ו= 100，且 ח= 5。因此，在《列王记上 7:23》中，"线度量"的拼写是 חוק= 5 + 6 + 100 = 111；而在《历代志下 4:2》中，该词的拼写却是 קו= 6 + 100 = 106。然后他取这两个数值的比率 $\dfrac{111}{106} \approx 1.0472$（精确到小数点后四位）作为必要的修正因子。当用它乘以 3（这被认为是《圣经》中所说的π值）时，人们就得到 3.1416。这是π精确到小数点后四位的正确数值！"哇！"这是人们对此的通常反应。这种准确性在古代是相当惊人的。要理解π的这个值有多么精确，请用一根绳子来测量几个圆形物体的周长和直径，并计算出它们的商。你很可能连这个数值的精度都无法达到。为了真正超过四位小数的高精度，你需要取几个这样的数值的平均数，但结果很可能还是达不到这个精度。

美国数学娱乐主义者马丁·加德纳提到，当我们删除关于中心竖直线对称的字母（见图 1.3），即删除 A、H、I、M、O、T、U、V、W、X 和 Y 时，剩下的连续组从 J 开始为 3-（J、K、L）、1-（N）、4-（P、Q、R、S）、1-（Z）和 6-（B、C、

D、E、F、G），这些组的大小（即所含字母的个数）给予我们精确到小数点后四位的π值，即 3.1416。

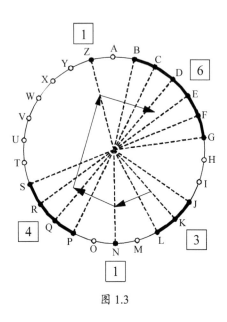

图 1.3

在日常生活和数学中，可能有无穷无尽的地方出现π值。请参阅上面引用过的著作，了解更多的有关示例。

Φ 的神奇之处

数学中最普遍存在的概念或数字之一就是黄金比例，这个数字一再被众多专为它而写的书所称赞。我们推荐一本这样的书：《辉煌的黄金比率》（普罗米修斯出版公司，2011 年）。这个名字可能源于这样一个事实：据说一个长、宽符合黄金比例的长方形是最美的长方形。心理学家在 19 世纪末的研究证实了这一点。从本质上讲，这个比例由长、宽分别为 l 和 w 的矩形所定义。

$$\Phi = \frac{l}{w} = \frac{w+l}{l} = \frac{\sqrt{5}+1}{2} \approx 1.6180$$

这一比例出现在自然界、建筑、艺术以及科学的许多地方，虽然不知情的读者可能会发现其中一些表象是人为的，但它们仍然存在。关于它们的解释留给你去思考。我们只需说一句，研究这个比例是值得的，因为它开启了我们进入数学的其他领域以及我们的一般文化的旅程。你可能会注意到：当你在报纸或广告上看到时钟时，时钟表面显示的时间通常是 10:10 左右。这时时钟的两根指针所形成的角约等于黄金矩形的两条对角线所形成的角。这是巧合吗？这留给你去判断。

数字 196 的特性

简单地说，我们可以看到 $196 = 14^2$。只是将数字的排列次序稍加改变，便可得到 $169 = 13^2$。然而，数字 196 在数学中真正享有的声誉是，它是通过反转过程不产生回文数的最小数。（至少到目前为止，它还没有产生回文数。）让我们看看这一切意味着什么。首先，我们必须将注意力转向回文数。

回文数是指从正反两个方向读来完全相同的数。这让我们想到某些日期可以是能够经受这种对称性检查的来源之一。例如，2002 是回文数，1991 也是。2001 年 10 月有几个日期以美国风格书写时出现了回文：如 10/1/01、10/22/01 等。欧洲人在 2002 年 2 月 20 日晚上 8:02 终于迎来了回文时刻，因为他们会把这一刻写成 20:02，20-02-2002。想出其他回文日期有点费人思量。

正如我们前面所看到的，11 的前四个幂是回文数。

$$11^1 = 11$$
$$11^2 = 121$$
$$11^3 = 1331$$
$$11^4 = 14641$$

回文数既可能是质数，也可能是合数。例如，回文数 151 是质数，而回文数 171 是合数。然而，除了 11 之外，回文质数的位数必须是奇数。

也许最有趣的是看看如何从任何给定的数出发构造出新的回文数。为此，我们所需要做的就是不断地加上反转数（即以数字的反向顺序写出来的数），直到出现回文数为止。有时，一个回文数可以用一次加法来达到。例如，从数 23 开始，我们有 23 + 32 = 55，得到一个回文数。

也可能需要两个步骤才能得到一个回文数。例如，我们从 75 开始，75 + 57 = 132，132 + 231 = 363，得到一个回文数。

还可能需要三个步骤才能得到一个回文数。例如，我们从数 86 开始，86 + 68 = 154，154 + 451 = 605，605 + 506 = 1111，得到一个回文数。

从 97 开始需要 6 个步骤才能得到一个回文数[1]，而从 98 开始需要 24 个步骤才能得到回文数 8813200023188。

现在我们回到数字 196。许多人试图从 196 开始通过上述反转再相加的规则来最终得到一个回文数。到目前为止，这还没有实现。事实上，据我们所知，数字 196 是不能通过反转再相加的规则生成回文数的最小数。下面的这些数都不能通过反转再相加的规则生成回文数，它们是 196，295，394，493，592，689，691，788，790，879，887，…。

在处理回文数时，有一些受到人们喜爱的模式。例如，回文数的立方还是回文数。

$$11^3 = 1331$$
$$101^3 = 1030301$$
$$1001^3 = 1003003001$$
$$10001^3 = 1000300030001$$
······

鲁斯-阿伦数

许多年来，大多数全垒打棒球运动员的目标是达到或超过由巴比·鲁斯创下的职业全垒打纪录——714 次全垒打。1974 年 4 月 8 日，亚特兰大勇士队的强击手汉克·阿伦打出了他的第 715 次职业全垒打。这促使美国数学家卡尔·B. 波默朗斯（1944—）（接受他的一名学生的建议）推广这样一个概念，即 714 和 715 这两个数

---

[1] 此回文数为 44044。——译者注

是相关的，因为它们是两个连续的数且其质因数之和相等。

$$714 = 2 \times 3 \times 7 \times 17, \quad 2 + 3 + 7 + 17 = 29$$
$$715 = 5 \times 11 \times 13, \quad 5 + 11 + 13 = 29$$

如果我们只考虑不同质因数的和，就可以扩展鲁斯-阿伦数的列表。在这种情况下，我们有以下数对：（5，6），（24，25），（49，50），（77，78），（104，105），（153，154），（369，370），（492，493），（714，715），（1682，1683），（2107，2108）。

如果不重复计算质因数（比如只计算 2^3 的单个质因数 2），那么我们就可以得到如下数对。

$$（24，25）： \qquad 24 = 2 \times 2 \times 2 \times 3, \qquad 2 + 3 = 5;$$
$$25 = 5 \times 5, \qquad 5 = 5$$

当我们考虑重复的质数时，以下数对也可以称为鲁斯-阿伦数：（5，6），（8，9），（15，16），（77，78），（125，126），（714，715），（948，949），（1330，1331）。

$$（8，9）： \qquad 8 = 2 \times 2 \times 2, \qquad 2 + 2 + 2 = 6;$$
$$9 = 3 \times 3, \qquad 3 + 3 = 6$$

也有不寻常的鲁斯-阿伦数对，其中两个数的质因数之和（无论是重复还是不重复计算质因数）总是相等。这样的数对之一是（7129199，7129200），其中 $7129199 = 7 \times 11^2 \times 19 \times 443$，$7129200 = 2^4 \times 3 \times 5^2 \times 13 \times 457$。若求和时不重复计算质因数，则有：$7 + 11 + 19 + 443 = 2 + 3 + 5 + 13 + 457 = 480$。若求和时重复计算质因数，则有：$7 + 11 + 11 + 19 + 443 = 2 + 2 + 2 + 2 + 3 + 5 + 5 + 13 + 457 = 491$。

我们可以将鲁斯-阿伦数对扩展为鲁斯-阿伦三元数组，即三个连续的数字，其因数的总和相等。这里有一个这样的三元数组：（89460294，89460295，89460296）。

$$89460294 = 2 \times 3 \times 7 \times 11 \times 23 \times 8419$$
$$89460295 = 5 \times 4201 \times 4259$$
$$89460296 = 2 \times 2 \times 2 \times 31 \times 43 \times 8389$$

其质因数之和如下：

$$2 + 3 + 7 + 11 + 23 + 8419 = 5 + 4201 + 4259 = 2 + 31 + 43 + 8389 = 8465$$

这是第一个不重复计算质因数的例子！

此类鲁斯-阿伦三元数组的另一个例子是（151165960539，151165960540，151165960541）。

$$151165960539 = 3 \times 11 \times 11 \times 83 \times 2081 \times 2411$$
$$151165960540 = 2 \times 2 \times 5 \times 7 \times 293 \times 1193 \times 3089$$
$$151165960541 = 23 \times 29 \times 157 \times 359 \times 4021$$

其质因数之和为：

$$3 + 11 + 83 + 2081 + 2411 = 2 + 5 + 7 + 293 + 1193 + 3089 = 23 + 29 + 157 + 359 + 4021 = 4589$$

这里还有鲁斯-阿伦三元数组的一个例子，此时计算重复的质因数，那就是（417162，417163，417164）。

$$417162 = 2 \times 3 \times 251 \times 277$$
$$417163 = 17 \times 53 \times 463$$
$$417164 = 2 \times 2 \times 11 \times 19 \times 499$$

其质因数之和为：

$$2 + 3 + 251 + 277 = 17 + 53 + 463 = 2 + 2 + 11 + 19 + 499 = 533$$

到目前为止发现的最后一个鲁斯-阿伦三元数组是（6913943284，6913943285，6913943286）。

$$6913943284 = 2 \times 2 \times 37 \times 89 \times 101 \times 5197$$
$$6913943285 = 5283 \times 1259 \times 3881$$
$$6913943286 = 2 \times 3 \times 167 \times 2549 \times 2707$$

其质因数之和为：

$$2 + 2 + 37 + 89 + 101 + 5197 = 5 + 283 + 1259 + 3881$$
$$= 2 + 3 + 167 + 2549 + 2707 = 5428$$

谁会想到这两位全垒之王会为数学做出贡献？顺便说一句，我们应该提醒自己，这次讨论是从 714 和 715 开始的。我们计算这两个数的和，即 714 + 715 = 1429，这是一个质数，将其反转过来，得到的也是一个质数。此外，这一数字的其他一些排列也是质数，如 4219，4129，9412，1249。

有趣的是, 卡尔·B.波默朗斯发现, 在 20000 以内的自然数中, 有 26 对鲁斯-阿伦数对, 其中最大的是 (18490, 18491)。20 世纪最著名的数学家之一保罗·埃尔德什 (1913—1996) 证明了鲁斯-阿伦数对有无限多个, 你可以自由地寻找它们!

大数的一些特性

考虑一下 $6666^2 = 44435556$。如果我们把 44435556 这个数字分成两部分, 每部分包含四个数字, 然后再相加, 那么我们就能得到 $4443 + 5556 = 9999$。这也适用于 $3333^2 = 11108889$。同样, 把 11108889 这个数字分成两部分, 然后让这两部分相加, 我们得到 $1110 + 8889 = 9999$。

然而, 当在下面这种情况下采用这种做法时, 我们得到了一个更为奇妙的结果: $7777^2 = 60481729$, $6048 + 1729 = 7777$, 这恰好等于开始时那个方幂的底数。与此不同的是, 我们在前面的例子中导出的结果与原始数不一样。

有趣的是具有该性质的数并不需要包含重复的数字, 因为 297 也是一个这样的数: $297^2 = 88209$, $88 + 209 = 297$。这样的数称为卡普雷卡尔数, 以印度数学家达塔拉亚·拉姆钱德拉·卡普雷卡尔 (1905—1986) 的名字命名, 因为他发现了这样的数。其他一些卡普雷卡尔数如表 1.6 所示。

表 1.6

卡普雷卡尔数	该数的平方			平方的分解
1	1^2	=	1	$1 = 1$
9	9^2	=	81	$8 + 1 = 9$
45	45^2	=	2025	$20 + 25 = 45$
55	55^2	=	3025	$30 + 25 = 55$
99	99^2	=	9801	$98 + 01 = 99$
297	297^2	=	88209	$88 + 209 = 297$
703	703^2	=	494209	$494 + 209 = 703$
999	999^2	=	998001	$998 + 001 = 999$
2223	2223^2	=	4941729	$494 + 1729 = 2223$
2728	2728^2	=	7441984	$744 + 1984 = 2728$
4879	4879^2	=	23804641	$238 + 04641 = 4879$

续表

卡普雷卡尔数	该数的平方			平方的分解
4950	4950^2	=	24502500	2450 + 2500 = 4950
5050	5050^2	=	25502500	2550 + 2500 = 5050
5292	5292^2	=	28005264	28 + 005264 = 5292
7272	7272^2	=	52881984	5288 + 1984 = 7272
7777	7777^2	=	60481729	6048 + 1729 = 7777
9999	9999^2	=	99980001	9998 + 0001 = 9999
17344	17344^2	=	300814336	3008 + 14336 = 17344
22222	22222^2	=	493817284	4938 + 17284 = 22222

更多的卡普雷卡尔数如下：38962，77778，82656，95121，99999，142857，…，538461，857143，…。

我们也有类似于卡普雷卡尔数的另一种数，称之为三重卡普雷卡尔数，其特征如下面的例子所示。

$$45^3 = 91125, \quad 9 + 11 + 25 = 45$$

其他的三次卡普雷卡尔数有 1，8，10，297，2322。

前面，我们证明了 297 是卡普雷卡尔数。现在我们证明这个数也是三重卡普雷卡尔数：$297^3 = 26198073$，26 + 198 + 073 = 297。

当研究卡普雷卡尔的发现的时候，我们可以欣赏卡普雷卡尔常数，其产生过程如下：任取一个四位数，重排其中的四个数字以形成最大和最小的数，然后求最大数与最小数之差，继续重复这个过程，最终总会得到数字 6174。当得到数字 6174时，我们继续重复上述过程，得到最大和最小的数，然后取它们的差值（7641 − 1467 = 6174）。请注意，此时我们又回到了 6174。因此，6174 叫作卡普雷卡尔常数。为了举例说明这一点，我们取 2303 并执行上述程序，具体过程如下。

- 用这个数的各位数字形成的最大数是 3320。
- 用这个数的各位数字形成的最小数是 0233。
- 最大数与最小数的差等于 3087。
- 用这个数的各位数字形成的最大数是 8730。
- 用这个数的各位数字形成的最小数是 0378。

- 最大数与最小数的差等于 8352。

- 用这个数的各位数字形成的最大数是 8532。

- 用这个数的各位数字形成的最小数是 2358。

- 最大数与最小数的差等于 6174。

- 用这个数的各位数字形成的最大数是 7641。

- 用这个数的各位数字形成的最小数是 1467。

- 最大数与最小数的差等于 6174。

因为你重复得到了 6174，所以循环就形成了。记住，所有这些都是从任意选择的一个数开始的，过程进行到一定时候总会出现 6174 这个数，然后你就进入了一个无休止的循环（即不断得到 6174）。

6174 的另一个令人好奇的特性是它能被其各位数字之和整除，即 $\dfrac{6174}{6+1+7+4} = \dfrac{6174}{18} = 343$。

一些数的奇妙特点

考虑如下加法：192 + 384 = 576。你可能会问：这个加法有什么特别之处？看外面的数字：**192 + 384 = 576**。它们按顺序从左到右依次为 1，2，3，4，5，6。然后从右向左观察，得到从 1 到 9 九个数字中的其余三个数字 7，8，9。你可能也注意到这三个三位数分别是：

$$192 = 1 \times 192$$
$$384 = 2 \times 192$$
$$576 = 3 \times 192$$

另一个奇怪的结果出现在我们减去对称数时，其中第一个数的各位数字按照通常的大小顺序排列，而另一个数是其反向排列，二者相减，即 987654321 − 123456789，得到 864197532。这个对称减法使用了从 1 到 9 九个数字中的每一个，在相减的两个数中，每个数字都恰好使用了一次，并且令人惊讶的是在所得到的差中每一个数字也恰好各出现了一次。

这里还有一些这样奇怪的计算，在等号的两侧从 1 到 9 九个数字都恰好出现一次，比如 291548736 = 8 × 92 × 531 × 746，124367958 = 627 × 198354 = 9 × 26 × 531487。

这里有另一个例子 $567^2 = 321489$，其中从 1 到 9 九个数字都恰好使用了一次（不计算指数）。以下算术计算也是如此：$854^2 = 729316$。这显然是唯一的两个平方数，其算式中从 1 到 9 九个数字都出现一次。

当取 69 的平方和立方（$69^2 = 4761$，$69^3 = 328509$）时，我们将所得到的两个数合起来看，它们使用了所有的十个数字，而且每个数字恰好使用了一次。那么还有没有其他数也具有这个特点呢？

考虑一下 $6667^2 = 44448889$，然后将这个结果 44448889 乘以 3，得到 133346667。我们注意到最后四位数字与开始时的数字 6667 是相同的。虽然这是一个很好的模式，但另一个也许更激动人心的模式是：计算 625 的任意方幂，所得到的数的最后三位数字始终是 625。

只有两个三位数具有这种性质，除了 625 外另一个数是 376。这两个数的方幂如下所示。

$$625^k$$

625^1	$=$	**625**
625^2	$=$	390**625**
625^3	$=$	244140**625**
625^4	$=$	152587890**625**
625^5	$=$	95367431640**625**
625^6	$=$	59604644775390**625**
625^7	$=$	372529029846119140**625**
625^8	$=$	23283064365386962890**625**
625^9	$=$	14551915228366851806640**625**
625^{10}	$=$	9094947017729282379150390**625**
……		……

$$376^k$$

376^1	$=$	**376**

$$376^2 = 141\mathbf{376}$$
$$376^3 = 53157\mathbf{376}$$
$$376^4 = 19987173\mathbf{376}$$
$$376^5 = 7515177189\mathbf{376}$$
$$376^6 = 2825706623205\mathbf{376}$$
$$376^7 = 1062465690325221\mathbf{376}$$
$$376^8 = 399487099562283237\mathbf{376}$$
$$376^9 = 150207149435418497253\mathbf{376}$$
$$376^{10} = 56477888187717354967269\mathbf{376}$$

　　······　　　　　　　　　　　　　　　　······

　　如果有人问是否有两位数具有这种性质,那么答案显然是肯定的。我们从上面注意到,它们是 25 和 76。

　　数之间的关系是无限的。多年来,一些数学家偶然发现了一些关系,而另一些数学家则寻找到了一些模式。其中一些似乎有点牵强,但从娱乐的角度来看仍然可以吸引我们。例如,考虑任意一个三位数乘以各位数字相同的五位数,其结果将是这样的一个数:当你将其最后五位数字加到其余的几位数字上时,又将得到一个各位数字都相同的数。下面举几个这样的例子。

　　$237 \times 33333 = 7899921$,然后有 $78 + 99921 = 99999$。

　　$357 \times 77777 = 27766389$,然后有 $277 + 66389 = 66666$。

　　$789 \times 44444 = 35066316$,然后有 $350 + 66316 = 66666$。

　　$159 \times 88888 = 14133192$,然后有 $141 + 33192 = 33333$。

　　这些惊人的数量特性不仅有趣,而且使我们得以展示数学之美,以赢得那些以前从来没有从这样的视角去看待数学的人的喜爱。接下来,我们将提供更多这样的数量特性,以进一步吸引读者。

数的另一些奇妙特性

　　这里有一个数等于它的各位数字的四次幂之和:$8208 = 8^4 + 2^4 + 0^4 + 8^4$。

　　有这样一些数,其平方的各位数字可以分成两组且每组都是平方数。

$$7^2 = \underline{4}\,\overline{9} = 2^2\,\overline{3^2}$$
$$13^2 = \underline{16}\,\overline{9} = 4^2\,\overline{3^2}$$
$$19^2 = \underline{36}\,\overline{1} = 6^2\,\overline{1^2}$$
$$35^2 = \underline{1}\,\overline{225} = 1^2\,\overline{15^2}$$
$$38^2 = \underline{144}\,\overline{4} = 12^2\,\overline{2^2}$$
$$57^2 = \underline{324}\,\overline{9} = 18^2\,\overline{3^2}$$
$$223^2 = \underline{49}\,\overline{729} = 7^2\,\overline{27^2}$$

包含数字 1 至 9 的最小和最大的平方数分别是 139854276（即 11826^2）和 923187456（即 30384^2），包含数字 0 至 9 的最小和最大的平方数分别是 1026753849（即 32043^2）和 9814072356（即 99066^2）。

我们发现的另一个模式如下：

$$19 = 1\times 9 + (1+9)$$
$$29 = 2\times 9 + (2+9)$$
$$39 = 3\times 9 + (3+9)$$
$$49 = 4\times 9 + (4+9)$$
$$59 = 5\times 9 + (5+9)$$
$$69 = 6\times 9 + (6+9)$$
$$79 = 7\times 9 + (7+9)$$
$$89 = 8\times 9 + (8+9)$$
$$99 = 9\times 9 + (9+9)$$

还有一个奇怪的模式：

$3^2 + 4^2$	$=$	5^2	$=$	25
$10^2 + 11^2 + 12^2$	$=$	$13^2 + 14^2$	$=$	365
$21^2 + 22^2 + 23^2 + 24^2$	$=$	$25^2 + 26^2 + 27^2$	$=$	2030
$36^2 + 37^2 + 38^2 + 39^2 + 40^2$	$=$	$41^2 + 42^2 + 43^2 + 44^2$	$=$	7230
$55^2 + 56^2 + 57^2 + 58^2 + 59^2 + 60^2$	$=$	$61^2 + 62^2 + 63^2 + 64^2 + 65^2$	$=$	19855

受此启发，我们得到：

$$1 + 2 = 3$$
$$4 + 5 + 6 = 7 + 8$$

$$9 + 10 + 11 + 12 = 13 + 14 + 15$$
$$16 + 17 + 18 + 19 + 20 = 21 + 22 + 23 + 24$$
……

人们可能会问，一个数是否可以等于其各位数字的阶乘之和？已知满足该条件的数只有四个，其中一个数是 145，即 $145 = 1! + 4! + 5! = 1 + 24 + 120$。除了 1 和 2 这两个微不足道的数字外，似乎符合这一要求的其他数字只有 40585，因为 $40585 = 4! + 0! + 5! + 8! + 5! = 24 + 1 + 120 + 40320 + 120$。

我们也可以形成一个很好的模式，即平方数从这些和演变出来：

$$1$$
$$1 + 1$$
$$1 + 2 + 1$$
$$1 + 2 + 3 + 2 + 1$$
$$1 + 2 + 3 + 4 + 3 + 2 + 1$$
$$1 + 2 + 3 + 4 + 5 + 4 + 3 + 2 + 1$$

这样继续下去。我们发现每一行的数字之和都是一个平方数[1]。

可以找到一些数，它们所有的因数（即约数）之和是一个完全平方。表 1.7 提供了这样的一些数。

表 1.7

n	所有因数之和
3	$1 + 3 = 4 = 2^2$
22	$1 + 2 + 11 + 22 = 36 = 6^2$
66	$1 + 2 + 3 + 6 + 11 + 22 + 33 + 66 = 144 = 12^2$
70	$1 + 2 + 5 + 7 + 10 + 14 + 35 + 70 = 144 = 12^2$
81	$1 + 3 + 9 + 27 + 81 = 121 = 11^2$
94	$1 + 2 + 47 + 94 = 144 = 12^2$
115	$1 + 5 + 23 + 115 = 144 = 12^2$
119	$1 + 7 + 17 + 119 = 144 = 12^2$
170	$1 + 2 + 5 + 10 + 17 + 34 + 85 + 170 = 324 = 18^2$
…	……

[1] 除了第二行以外。——译者注

质数和不可约数

质数是恰好只有两个因数的自然数（我们用 N 表示自然数的集合）。换句话说，质数是大于 1 的自然数，其因数只有 1 和它本身。让我们考虑自然数的一个集合，其中每个数除以 4 的余数都是 1。通过符号，我们可以将该集合写为 $M_{4n+1} = \{4n+1 \mid n \in \mathbb{N}\} = \{1, 5, 9, 13, \cdots\}$。这可以理解为 $4n+1$ 形式的所有自然数的集合。

如果再仔细检查一下，那么我们就会发现 M_{4n+1} 中的任何两个数的乘积都很有特点。

下面看一些数对相乘的例子。

$$5 \times 9 = 45 = 4 \times 11 + 1$$
$$17 \times 29 = 493 = 4 \times 123 + 1$$

这些乘积中的每一个最终都将成为集合 M_{4n+1} 的元素，因为当每个数除以 4 时，得到的余数都是 1。当这种情况发生时，我们说这个集合是在乘法运算下封闭的。也就是说，每当我们将一个集合的两个元素相乘时，得到的结果还是同一个集合的元素。从自然数集合出发得到封闭集合的另一个例子是乘法运算、减法运算或者加法运算下的偶数集合。用简单的代数记号，我们可以证明这种推广是合理的。

如果 $a = 4n_1 + 1$，$b = 4n_2 + 1$，其中 n_1 和 n_2 是任意的自然数，那么它们的乘积就是 $a \cdot b = (4n_1 + 1)(4n_2 + 1) = 16n_1 n_2 + 4n_1 + 4n_2 + 1 = 4(4n_1 n_2 + n_1 + n_2) + 1 = 4n_3 + 1$，其中 $n_3 = 4n_1 n_2 + n_1 + n_2 \in N$。由此可见，$a \cdot b$ 也是 M_{4n+1} 的元素。

让我们再回顾一下，质数是一个恰好只有两个因数（1 和这个数本身）的数。通过说恰好只有两个因数，我们从质数集合中排除了 1。例如，1 和 10 之间有四个质数，即 2，3，5，7；1 和 100 之间有 25 个质数，即 2，3，5，7，11，13，17，19，23，29，31，37，41，43，47，53，59，61，67，71，73，79，83，89，97。

欧几里得（公元前 360—前 280）已经证明有无限多质数。

让我们再次考虑集合 M_{4n+1}。如果其中的数没有除 1 和它自身以外的其他因数，则这个数称为不可约数。你会注意到这是自然数集合 N 中质数的类比。

采用记号表示时，我们将此写为 $p \in M_{4n+1}$。如果 p 在该集合中只有 1 和 p 两个因数，则 p 是一个不可约数。集合 M_{4n+1} 中的其他数都被认为是复合数。

现在让我们试着找出集合 M_{4n+1} 的那些仅有两个因数的元素。让我们考虑这个集合的前几个元素的因数分解。

$(1 = 1)$ 1 不是不可约数（因为 1 在 M_{4n+1} 中只有 1 这一个因数）。

$5 = 1 \times 5$ **5 是不可约数**（因为 5 在 M_{4n+1} 中只有 1 和 5 两个因数）。

$9 = 1 \times 9 = 3 \times 3$ **9 是不可约数**（因为 9 在 M_{4n+1} 中只有 1 和 9 两个因数，而 $3 \notin M_{4n+1}$）。

$13 = 1 \times 13$ **13 是不可约数**（因为 13 在 M_{4n+1} 中只有 1 和 13 两个因数）。

$17 = 1 \times 17$ **17 是不可约数**（因为 17 在 M_{4n+1} 中只有 1 和 17 两个因数）。

$21 = 1 \times 21 = 3 \times 7$ **21 是不可约数**（因为 21 在 M_{4n+1} 中只有 1 和 21 两个因数，而 $3 \notin M_{4n+1}$，$7 \notin M_{4n+1}$）。

$25 = 1 \times 25 = 5 \times 5$ 25 不是不可约数（因为 25 在 M_{4n+1} 中有 $1, 5, 25$ 三个因数），这是第一个在 M_{4n+1} 中具有三个因数的数。

$29 = 1 \times 29$ **29 是不可约数**（因为 29 在 M_{4n+1} 中只有 1 和 29 两个因数）。

$33 = 1 \times 31 = 3 \times 11$ **33 是不可约数**（因为 33 在 M_{4n+1} 中只有 1 和 33 两个因数，而 $3 \notin M_{4n+1}$，$11 \notin M_{4n+1}$）。

$37 = 1 \times 37$ **37 是不可约数**（因为 37 在 M_{4n+1} 中只有 1 和 37 两个因数）。

$41 = 1 \times 41$ **41 是不可约数**（因为 41 在 M_{4n+1} 中只有 1 和 41 两个因数）。

$45 = 1 \times 45 = 5 \times 9$ **45 不是不可约数**（因为 45 在 M_{4n+1} 中有 $1, 5, 9, 45$ 四个因数）。

$49 = 1 \times 49 = 7 \times 7$ **49 是不可约数**（因为 49 在 M_{4n+1} 中只有 1 和 49 两个因数，而 $7 \notin M_{4n+1}$）。

$53 = 1 \times 53$ **53 是不可约数**（因为 53 在 M_{4n+1} 中只有 1 和 53 两个因数）。

$57 = 1 \times 57 = 3 \times 19$ **57 是不可约数**（因为 57 在 M_{4n+1} 中只有 1 和 57 两个因数，而 $3 \notin M_{4n+1}$，$57 \notin M_{4n+1}$）。

$61 = 1 \times 61$ **61 是不可约数**（因为 61 在 M_{4n+1} 中只有 1 和 61 两个因数）。

$65 = 1 \times 65 = 5 \times 13$ 65 不是不可约数（因为 65 在 M_{4n+1} 中有 1，5，13，65 四个
因数）。

......

于是，我们得到集合 $M_{4n+1} = \{4n+1 \mid n \in \mathbb{N}\}$ 中不大于 65 的不可约数为 5，9，
13，17，21，29，33，37，41，49，53，57，61。

注意：1，25，45，65 不被认为是不可约数，因为它们在集合 M_{4n+1} 中有非平
凡的因数分解。

奇怪的是，我们现在有几个不是质数的不可约数（9，21，33，49，57），因
为当我们只考虑集合 M_{4n+1} 中的数作为可能的因数时，它们恰好只有两个因数。下
面是集合 M_{4n+1} 中 65 和 200 之间的复合数。

$$81(=9 \times 9)$$
$$85(=5 \times 17)$$
$$105(=5 \times 21)$$
$$117(=9 \times 13)$$
$$125(=5 \times 25)$$
$$145(=5 \times 29)$$
$$169(=13 \times 13)$$
$$185(=5 \times 37)$$
$$189(=9 \times 21)$$

当与自然数集合进行比较时，我们知道每个自然数都可以唯一地分解成一些质
数的乘积。因此，我们期望集合 M_{4n+1} 的成员也可以唯一地分解成一些不可约数的
乘积。但奇怪的是，这并不成立。为了证明这样的分解不成立，我们只需要展示一
个与假设成立相矛盾的例子。下面考虑数 325。现在请注意，我们可以用两种方式
分解这个数：$325 = 5 \times 65 = 13 \times 25$。在这两种分解方式中，分解出来的第一个数都
是不可约数。因为 5，13，25，65 中还包括一些复合数（非不可约数），所以以上
两种分解方式不被认为是不可约因数分解。我们指出这一点，以表明数 325 可以用
多种方式进行分解。数 405 也是如此。

集合 M_{4n+1} 中可以按照两种方式进行不可约因数分解的最小的数是 693，693 $= 4 \times 173 + 1$。可以将这个数分解如下：$693 = 9 \times 77 = 21 \times 33$，其中每个因数都是一个不可约数。这证伪了我们先前试图建立的与自然数的类比。在自然数中，质数可以用唯一的方式分解成两个自然数的乘积；而在集合 M_{4n+1} 中，一个不可约数[1]不一定总是用唯一的方式分解成两个不可约数的乘积，如$1089 = 9 \times 121 = 33 \times 33$。

也许有了这种诡异的性质，我们就应该正视它。从现在开始，我们就不会想当然地认为自然数的每一个成员都可以唯一地分解成若干个质数的乘积。我们现在有一个集合（M_{4n+1}）的例子，其中的不可约数[2]不一定可以唯一地分解为两个不可约数的乘积。

雄心勃勃的读者可能希望将上述研究推广到诸如M_{2n+1}、M_{3n+1}、M_{5n+1} 和 M_{4n-1} 的其他集合，以研究自然数集合中的质数概念在这些集合中的类比的表现特点。

完美数

你可能在想是什么让一个数显得完美？数学家定义一个数是完美数（又称完全数）的条件是它的因数之和（不包括这个数本身）等于这个数。例如，最小的完美数是 6，因为它的真因数（其真的正约数）的和是 6，即 $1 + 2 + 3 = 6$。下一个更大的完美数是 28，因为它的因数之和是 28，即 $12 + 4 + 7 + 14 = 28$。几个世纪以来，完美数让数学家们着迷。古希腊人知道前四个完美数，欧几里得甚至构建了生成这些完美数的公式。接下来的两个完美数（496 和 8128）的发现归功于尼可马丘（约公元 100 年）。然而，直到 18 世纪，瑞士数学家莱昂哈德·欧拉才证明欧几里得所发明的公式会生成所有的完美偶数。

现在让我们来考虑欧几里得发明的生成完美偶数的一般公式。这个公式是$2^{n-1}(2^n - 1)$，其中$2^n - 1$必须是一个质数，简称为梅森素数，记为M_P。首先，如果 n 是一个合数，那么$2^n - 1$必定也是一个合数，因此对 n 的这样一个值，利用欧几里得公式不能生成完美数。你可以用一些非常初等的代数知识来证明这一点，就像

---

[1][2]原著此处有误，应为复合数。——译者注

我们接下来所要做的那样。

假设 n 是一个偶的合数，比如说 $2x$。于是，表达式 $2^n - 1$ 就变成了两个平方的差，它总是可以进行分解，因此它是一个合数。

$$2^{2x} - 1 = (2^x - 1)(2^x + 1)$$

如果 n 是一个奇的合数，比如表达式 $2^{pq} - 1$ 中的方次数，那么该表达式就变成了一个可分解的项[1]。

$$2^{pq} - 1 = (2^p - 1)[(2^p)^{q-1} + (2^p)^{q-2} + (2^p)^{q-3} + \cdots + (2^2)^1 + 1]$$

这并不是说当 n 是质数时 $2^n - 1$ 就一定是质数。例如，当 $n = 11$ 时，我们有 $2^{11} - 1 = 2048 - 1 = 2047 = 23 \times 89$，因此它不是质数。因此，我们必须小心地确保不仅 n 是质数，而且它所生成的数 $2^n - 1$ 也是质数。

数学家们在寻找更多的完美数时遇到了一些困难。例如，研究完美数的法国数学家马兰·梅森（1588—1648）纠正了 17 世纪数学家彼得·邦格斯在其著作《数字运算的秘密》（*Numerorun Mysteria*，1644）中发表的包含 24 个完美数的列表，指出其中只有 8 个是正确的（即表 1.8 中的前 8 个）。梅森提出，在这个完美数列表中再添加三个数（欧几里得公式中的 n 值相应地取 67，127，257）。直到 1947 年，被证明正确的只有 127，同时对应的 n 值分别为 89 和 107 个的两个完美数被添加到完美数列表中。

当涉及寻找完美数时，惊奇无所不在。1936 年 3 月 26 日，《纽约先驱论坛报》（*New York Herald Tribune*）发表了一篇文章，声称塞缪尔·I. 克里格博士发现了一个超过 19 位的完美数。

事实上，他所提出的这个完美数有 155 位！他甚至把这个所谓的完美数详细地写了出来：$2^{513} - 2^{256} = 26815615859885194199148049996411692254958731641184786755447122887443528060146978161514511280138383284395055028465118831722842125059853682308859384882528256$。

虽然数学家以前已经摒弃了欧几里得公式，但直到 1952 年，在计算机的帮助

---

[1] 原著中下述公式有误，译者做了修正。——译者注

下，$2^{257} - 1$ 才被证明是一个合数，因此它不能产生完美数。有关数学杂志斥责报纸在验证事情的准确性之前就急于报道的做法。

数学家总是对完美数着迷，一直在寻找完美数家族的更多成员。截至本书原著出版，已知有 48 个完美数，如表 1.8 所示。

表 1.8

n	完美数	位数	发现时间
2	6	1	古希腊
3	28	2	古希腊
5	496	3	古希腊
7	8128	4	古希腊
13	33550336	8	1456
17	8589869056	10	1588
19	137438691328	12	1588
31	2305843008139952128	19	1772
61	2658455991569831744654692615953842176	37	1883
89	191561942608236107294793378084303638130997321548169216	54	1911
107	131640364…783728128	65	1914
127	144740111…199152128	77	1876
521	235627234…555646976	314	1952
607	141053783…537328128	366	1952
1279	541625262…984291328	770	1952
2203	108925835…453782528	1327	1952
2281	994970543…139915776	1373	1952
3217	335708321…628525056	1937	1957
4253	182017490…133377536	2561	1961
4423	407672717…912534528	2663	1961
9689	114347317…429577216	5834	1963
9941	598885496…073496576	5985	1963
11213	395961321…691086336	6751	1963

续表

n	完美数	位数	发现时间
19937	931144559…271942656	12003	1971
21701	100656497…141605376	13066	1978
23209	811537765…941666816	13973	1979
44497	365093519…031827456	26790	1979
86243	144145836…360406528	51924	1982
110503	136204582…603862528	66530	1988
132049	131451295…774550016	79502	1983
216091	278327459…840880128	130100	1985
756839	151616570…565731328	455663	1992
859433	838488226…416167936	517430	1994
1257787	849732889…118704128	757263	1996
1398269	331882354…723375616	841842	1996
2976221	194276425…174462976	1791864	1997
3021377	811686848…022457856	1819050	1998
6972593	955176030…123572736	4197919	1999
13466917	427764159…863021056	8107892	2001
20996011	793508909…206896128	12640858	2003
24036583	448233026…572950528	14471465	2004
25964951	746209841…791088128	15632458	2005
30402457	497437765…164704256	18304103	2005
32582657	775946855…577120256	19616714	2006
37156667	204534225…074480128	22370543	2008
42643801	144285057…377253376	25674127	2009
43112609	500767156…145378816	25956377	2008
57885161	169296395…270130176	34850340	2013

完美数有许多奇怪的特征。例如，我们注意到它们都以 28 或 6 结尾，且其前面紧接着有一个奇数。数学家们一直在寻找完美奇数。正如我们所看到的，目前的列表只包含完美偶数。到目前为止，数学家们自信地说，没有小于 10^{1500} 的完美奇数。

除了满足定义所要求的性质（除该数本身之外的其他因数之和等于该数本身）以外，完美数还具有许多其他不寻常的特征。这里介绍形为 $2^{n-1}(2^n-1)$ 的完美数的一些奇怪的特征。

首先，它们是从 1 开始的几个连续自然数的和，比如：

$$6 = 1 + 2 + 3$$

$$28 = 1 + 2 + 3 + 4 + 5 + 6 + 7$$

$$496 = 1 + 2 + 3 + 4 + 5 + 6 + 7 + 8 + 9 + \cdots + 29 + 30 + 31$$

$$8128 = 1 + 2 + 3 + 4 + 5 + 6 + 7 + 8 + \cdots + 125 + 126 + 127$$

$$33550336 = 1 + 2 + 3 + 4 + 5 + 6 + 7 + 8 + \cdots + 8189 + 8190 + 8191$$

$$\cdots\cdots$$

我们还注意到，除了第一个完美数 6，所有已知的完美数都等于从 1 开始的连续奇数的立方和，比如：

$$28 = 1^3 + 3^3$$

$$496 = 1^3 + 3^3 + 5^3 + 7^3$$

$$8128 = 1^3 + 3^3 + 5^3 + 7^3 + 9^3 + 11^3 + 13^3 + 15^3$$

$$33550336 = 1^3 + 3^3 + 5^3 + \cdots + 123^3 + 125^3 + 127^3$$

现在，你可能会想：为什么如此令人感到意外，完美数竟然等于奇数序列的立方和？利用一些初等代数知识，很容易证明这一点。我们记得，完美数必定具有 $2^{n-1}(2^n - 1)$ 的形式，其中 $2^n - 1$ 是质数。我们将在这里花点时间来证明每个完美数是前 2^k 个奇数之和，除了 $n = 2$ 外，$k = \frac{1}{2}(n - 1)$。

我们应该记得以下公式：

$$S_1 = 1 + 2 + 3 + 4 + \cdots + q = \frac{q(q+1)}{2}$$

$$S_2 = 1^2 + 2^2 + 3^2 + 4^2 + \cdots + q^2 = \frac{q(q+1)(2q+1)}{6}$$

$$S_3 = 1^3 + 2^3 + 3^3 + 4^3 + \cdots + q^3 = \frac{q^2(q+1)^2}{4} = S_1^2$$

现在我们来看看奇数的立方和。我们可以这样写：

$$S = 1^3 + 3^3 + 5^3 + 7^3 + \cdots + (2q-1)^3 = \sum_{i=1}^{q}(2i-1)^3$$

通过一些代数演算，我们可以证明上式等于下式。

$$S = \sum_{i=1}^{q}(2i-1)^3 = \sum_{i=1}^{q}(8i^3 - 12i^2 + 6i - 1)$$

$$= 8 \times \frac{q^2(q+1)^2}{4} - 12 \times \frac{q(q+1)(2q+1)}{6} + 6 \times \frac{q(q+1)}{2} - q = q^2(2q^2-1)$$

请注意：我们将前面的前三个公式代入到第四个公式中，得到了最后的这个等式。

如果我们现在取 $q = 2^k$，那么就有 $S = 2^{2k}(2^{2k+1}-1)$。于是，我们注意到，这将生成完美数 $2^{n-1}(2^n-1)$，其中 $n = 2k+1$，它是奇数。这就说明了我们如何从完美数的一般公式得到奇数的立方和。虽然这里用到了一些较难的初等代数知识，但是我们在这里进行推演的目的是说明我们可以证明这些奇特的数学性质。

所有完美数都必定有偶数个因数。如果我们取任何完美数的因数的倒数（现在包括这个数本身），那么它们的和就总是等于 2。从前几个完美数可以看出这一点，具体如下：

$$\frac{1}{1} + \frac{1}{2} + \frac{1}{3} + \frac{1}{6} = 2$$

$$\frac{1}{1} + \frac{1}{2} + \frac{1}{4} + \frac{1}{7} + \frac{1}{14} + \frac{1}{28} = 2$$

$$\frac{1}{1} + \frac{1}{2} + \frac{1}{4} + \frac{1}{8} + \frac{1}{16} + \frac{1}{31} + \frac{1}{62} + \frac{1}{124} + \frac{1}{248} + \frac{1}{496} = 2$$

更多奇特的数字模式

几个世纪以来，数字模式一直吸引着人们。它们可以被儿童和一般的成年人发现，也可以被数学家在从事一项与此无关的研究时发现。例如，如果我们考虑分数 $\frac{1}{81}$，并将其改写成十进制小数，那么我们就得到了一个相当不错的结果：**0.012345 6790**12345679**012345679**⋯ = $0.\overline{012345679}$。

令人惊讶的是，我们注意到数字（没有 8）是按顺序连续出现的！

你可能还会偶然发现一个乘法例子，无论是在被乘数[1]还是在乘积中，九个非零数字都恰好精确地出现一次。以下是几个这样的例子。

$$81274365 \times 9 = 731469285$$
$$72645831 \times 9 = 653812479$$
$$58132764 \times 9 = 523194876$$
$$76125483 \times 9 = 685129347$$

有时，我们可以发现以下这样简单的关系：

$$1 = 1 \qquad\qquad = 1 \times 1 = 1^2$$
$$1+2+1 = 2+2 \qquad\qquad = 2 \times 2 = 2^2$$
$$1+2+3+2+1 = 3+3+3 \qquad\qquad = 3 \times 3 = 3^2$$
$$1+2+3+4+3+2+1 = 4+4+4+4 \qquad\qquad = 4 \times 4 = 4^2$$
$$1+2+3+4+5+4+3+2+1 = 5+5+5+5+5 \qquad\qquad = 5 \times 5 = 5^2$$
$$1+2+3+4+5+6+5+4+3+2+1 = 6+6+6+6+6+6 \qquad\qquad = 6 \times 6 = 6^2$$
$$1+2+3+4+5+6+7+6+5+4+3+2+1 = 7+7+7+7+7+7+7 \qquad\qquad = 7 \times 7 = 7^2$$
$$1+2+3+4+5+6+7+8+7+6+5+4+3+2+1 = 8+8+8+8+8+8+8+8 \qquad\qquad = 8 \times 8 = 8^2$$
$$1+2+3+4+5+6+7+8+9+8+7+6+5+4+3+2+1 = 9+9+9+9+9+9+9+9+9 \qquad\qquad = 9 \times 9 = 9^2$$

一旦回忆起 37 和 3 的乘积是一个很好的数 111，我们就可以开始寻找另一个模式。例如，考虑 3 的倍数，然后将其扩展到每个乘积的各位数字之和。由此，我们可以得到进一步的模式，即 3 的任意倍数的各位数字之和也是 3 的倍数。

有时，我们可以发现以下这样简单的关系。

$$1 \times 1 = 1$$
$$11 \times 11 = 121$$
$$111 \times 111 = 12321$$
$$1111 \times 1111 = 1234321$$
$$11111 \times 11111 = 123454321$$
$$111111 \times 111111 = 12345654321$$
$$1111111 \times 1111111 = 1234567654321$$
$$11111111 \times 11111111 = 123456787654321$$
$$111111111 \times 111111111 = 12345678987654321$$

当我们将全部的 1 都换为 9 时，所出现的另一个数字模式如下。

---

[1] 此处还应包括乘数。——译者注

$$9 \times 9 = 81$$
$$99 \times 99 = 9801$$
$$999 \times 999 = 998001$$
$$9999 \times 9999 = 99980001$$
$$99999 \times 99999 = 9999800001$$
$$999999 \times 999999 = 999998000001$$
$$9999999 \times 9999999 = 99999980000001$$

利用各位数字全为 9 的数，我们还可以产生另一个美妙的模式。

$$999999 \times 1 \ = \mathbf{0999999}$$
$$999999 \times 2 \ = \mathbf{1999998}$$
$$999999 \times 3 \ = \mathbf{2999997}$$
$$999999 \times 4 \ = \mathbf{3999996}$$
$$999999 \times 5 \ = \mathbf{4999995}$$
$$999999 \times 6 \ = \mathbf{5999994}$$
$$999999 \times 7 \ = \mathbf{6999993}$$
$$999999 \times 8 \ = \mathbf{7999992}$$
$$999999 \times 9 \ = \mathbf{8999991}$$
$$999999 \times 10 = \mathbf{9999990}$$

这里是另一个数字模式，其中数字 9 乘以一个由连续自然数组成的数，该数每次增加一位，然后将乘积加到下一个自然数上。

$$0 \times 9 + 1 \ = 1$$
$$1 \times 9 + 2 \ = 11$$
$$12 \times 9 + 3 \ = 111$$
$$123 \times 9 + 4 \ = 1111$$
$$1234 \times 9 + 5 \ = 11111$$
$$12345 \times 9 + 6 \ = 111111$$
$$123456 \times 9 + 7 \ = 1111111$$
$$1234567 \times 9 + 8 \ = 11111111$$
$$12345678 \times 9 + 9 \ = 111111111$$
$$123456789 \times 9 + 10 = 1111111111$$

我们可以考虑以类似的方式生成的数字模式，但有的地方与前一个模式相反。这一次所生成的数全部由数字 8 组成。

$$0 \times 9 + 8 = 8$$
$$9 \times 9 + 7 = 88$$
$$98 \times 9 + 6 = 888$$
$$987 \times 9 + 5 = 8888$$
$$9876 \times 9 + 4 = 88888$$
$$98765 \times 9 + 3 = 888888$$
$$987654 \times 9 + 2 = 8888888$$
$$9876543 \times 9 + 1 = 88888888$$
$$98765432 \times 9 + 0 = 888888888$$

既然我们已经以一种相当戏剧化的方式介绍了数字 8，那么我们将用它去乘由不断增加的连续自然数构成的数，并且每次的乘积还要加上这些连续自然数中的最后一个。欣赏这里显示的数字模式比试图解释这一现象更令人愉快，因为后者有可能会削弱这一现象所呈现出来的美。

$$1 \times 8 + 1 = 9$$
$$12 \times 8 + 2 = 98$$
$$123 \times 8 + 3 = 987$$
$$1234 \times 8 + 4 = 9876$$
$$12345 \times 8 + 5 = 98765$$
$$123456 \times 8 + 6 = 987654$$
$$1234567 \times 8 + 7 = 9876543$$
$$12345678 \times 8 + 8 = 98765432$$
$$123456789 \times 8 + 9 = 987654321$$

这一次，我们使用各位数字全部是 1 的数与各位数字全部是 8 的数，提出另一个值得欣赏的数字模式。

1×8	=	8
11×88	=	968
111×888	=	98568
1111×8888	=	9874568
11111×88888	=	987634568
111111×888888	=	98765234568
1111111×8888888	=	9876541234568
11111111×88888888	=	987654301234568
$111111111 \times 888888888$	=	98765431901234568
$1111111111 \times 8888888888$	=	9876543207901234568

延续数字模式的思路，我们提出以下模式供你思考和欣赏。

相当令人奇怪的是，当考虑用十进制小数表示 $\frac{1}{7}$（ $\frac{1}{7} = 0.142857142857142857\cdots = 0.\overline{142857}$ ）时，我们注意到以下演化模式。

$$\mathbf{1} \times 7 + 3 = 10$$
$$\mathbf{14} \times 7 + 2 = 100$$
$$\mathbf{142} \times 7 + 6 = 1000$$
$$\mathbf{1428} \times 7 + 4 = 10000$$
$$\mathbf{14285} \times 7 + 5 = 100000$$
$$\mathbf{142857} \times 7 + 1 = 1000000$$
$$\mathbf{1428571} \times 7 + 3 = 10000000$$
$$\mathbf{14285714} \times 7 + 2 = 100000000$$
$$\mathbf{142857142} \times 7 + 6 = 1000000000$$
$$\mathbf{1428571428} \times 7 + 4 = 10000000000$$
$$\mathbf{14285714285} \times 7 + 5 = 100000000000$$
$$\mathbf{142857142857} \times 7 + 1 = 1000000000000$$

为了娱乐，我们提供以下奇怪的模式。

$$7 \times 7 = 49$$
$$67 \times 66 = 4489$$
$$667 \times 667 = 444889$$
$$6667 \times 6667 = 44448889$$
$$66667 \times 66667 = 4444488889$$
$$666667 \times 666667 = 444444888889$$
$$6666667 \times 6666667 = 44444448888889$$
$$66666667 \times 66666667 = 4444444488888889$$
$$666666667 \times 666666667 = 444444444888888889$$

$$7 \times 9 = 63$$
$$77 \times 99 = 7623$$
$$777 \times 999 = 776223$$
$$7777 \times 9999 = 77762223$$
$$77777 \times 99999 = 7777622223$$
$$777777 \times 999999 = 777776222223$$

以上性质并不是数字 7 的专利，因为我们注意到数字 4 也具有类似的特点。

$$4 \times 4 = 16$$
$$34 \times 34 = 1156$$
$$334 \times 334 = 111556$$
$$3334 \times 3334 = 11115556$$
$$33334 \times 33334 = 1111155556$$
$$333334 \times 333334 = 111111555556$$

满足一定关系的模式探索起来将是无限的。下面你将发现由初始的几个自然数组成的回文数与其各位数字之和的乘积相当奇妙，这将导致一个相当不寻常的结果。应该鼓励读者继续发掘由某种形式的系统算术所产生的新模式。

$$1 \times 1 = 1^2 = 1$$
$$121 \times (1 + 2 + 1) = 22^2 = 484$$
$$12321 \times (1 + 2 + 3 + 2 + 1) = 333^2 = 110889$$
$$1234321 \times (1 + 2 + 3 + 4 + 3 + 2 + 1) = 4444^2 = 19749136$$
$$123454321 \times (1 + 2 + 3 + 4 + 5 + 4 + 3 + 2 + 1) = 55555^2 = 3086358025$$

奇妙也存在于 76923 之中，它为我们提供了一些不寻常的特点。在检查这一特性之前，我们应该注意到分数 $\frac{1}{13}$ 的十进制小数形式（$\frac{1}{13} = 0.076923076923076923\cdots = 0.\overline{076923}$）中出现了 76923。我们还发现，当 76923 依次乘以 1，10，9，12，3，4 时，乘积将呈现出意想不到的模式，乘积的数字出现循环，如下面的列表所示。注意，第一个乘积的第一个数字恰好出现在第二个乘积的末尾，第二个乘积的第一个数字恰好出现在第三个乘积的末尾，以此类推。

$$76923 \times 1 \ = 076923$$
$$76923 \times 10 = 769230$$
$$76923 \times 9 \ = 692307$$
$$76923 \times 12 = 923076$$
$$76923 \times 3 \ = 230769$$
$$76923 \times 4 \ = 307692$$

如果取相同的数 76923，并将其乘以剩余的 12 以下的自然数，我们就将再次看到类似的模式出现。然而，当用这个数（76923）乘以自然数 13 时，我们得到了意想不到的乘积 999999。

$$76923 \times 2 \ = 153846$$
$$76923 \times 7 \ = 538461$$
$$76923 \times 5 \ = 384615$$
$$76923 \times 11 = 846153$$
$$76923 \times 6 \ = 461538$$
$$76923 \times 8 \ = 615384$$

当用 76923 分别乘以 14，15，16，17 等时，我们得到了一个奇怪的模式，这些乘积按照顺序对应于该数与从 1 开始的自然数的乘积。一个喜欢探索的读者可能想超越这些连续的乘法而找到其他不寻常的模式。

$$76923 \times 14 = 1\,076922 \qquad （与该数的 1 倍对应）$$
$$76923 \times 15 = 1\,153845 \qquad （与该数的 2 倍对应）$$
$$76923 \times 16 = 1\,230768 \qquad （与该数的 3 倍对应）$$

$76923 \times 17 = 1\,307691$ （与该数的 4 倍对应）

$76923 \times 18 = 1\,384614$ （与该数的 5 倍对应）

$76923 \times 19 = 1\,461537$ （与该数的 6 倍对应）

$76923 \times 20 = 1\,538460$ （与该数的 7 倍对应）

$76923 \times 21 = 1\,615383$ （与该数的 8 倍对应）

$76923 \times 22 = 1\,692306$ （与该数的 9 倍对应）

$76923 \times 23 = 1\,769229$ （与该数的 10 倍对应）

$76923 \times 24 = 1\,846152$ （与该数的 11 倍对应）

$76923 \times 25 = 1\,923075$ （与该数的 12 倍对应）

$76923 \times 26 = 1\,999998$ （与该数的 13 倍对应）

$76923 \times 27 = 2\,076921$ （与该数的 14 倍对应）

$76923 \times 28 = 2\,153844$ （与该数的 15 倍对应）

$76923 \times 29 = 2\,230767$ （与该数的 16 倍对应）

该模式可以无限延续下去！

现在让我们考察一下 142857 这个数。首先，我们注意到用 142857 乘以从 1 到 6 的每个数，所得乘积所包含的数字都与原数 142857 所包含的数字完全相同。

一个循环的数字圈

取从 1 到 6 的任意整数，先乘以 999999，然后除以 7，你会得到一个由数字 1，4，2，8，5，7 组成的数。不仅如此，它们将遵循这个顺序，但每次从不同的数字开始。这是一个循环数现象。当 142857 分别乘以 1，2，3，4，5，6 时就产生一个数，其中所使用的数字与原来的数字完全相同，但每次的顺序会发生变化（见图 1.4）。

这些数称为凤凰数。根据古埃及传说，当凤凰被烈火焚烧时，它会从灰烬中再生。

如果用 142857 乘以 7，我们就得到了 999999。我们用 142857 乘以 8，得到

1142856。若加上一点想象力，取第一个数字并将其加到最后一个数字上，我们就
将回到开始的数 142857。更进一步，将 142857 乘以 9，我们得到 1285713。用同
样笨拙的技术，取第一个数字并将其加到最后一个数字上，所得的结果刚等于
142857 与 2 的乘积。

142857 × 1 = 142857	
142857 × 2 = 285714	
142857 × 3 = 428571	
142857 × 4 = 571428	
142857 × 5 = 714285	
142857 × 6 = 857142	
142857 × 7 = 999999	

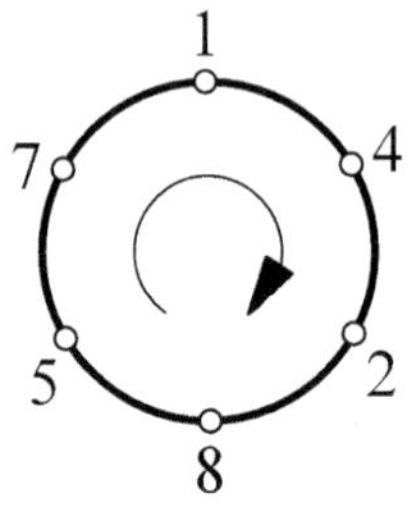

图 1.4

关于这个不寻常的数，我们还有更多可以展示的性质。显然，这个数与从 1 到
6 的每个数的乘积的各位数字之和都是 27。这恰好是它与 7[1] 的乘积的各位数字之
和的一半。此外，不仅每个乘积的各位数字之和等于 27，而且如果我们垂直地计
算下列各位数字之和，就会发现每个位置上的数字之和也是 27。

$$
\begin{array}{c}
1\ 4\ 2\ 8\ 5\ 7 = 27 \\
2\ 8\ 5\ 7\ 1\ 4 = 27 \\
4\ 2\ 8\ 5\ 7\ 1 = 27 \\
5\ 7\ 1\ 4\ 2\ 8 = 27 \\
7\ 1\ 4\ 2\ 8\ 5 = 27 \\
8\ 5\ 7\ 1\ 4\ 2 = 27 \\
\hline
2\ 7\ 2\ 7\ 2\ 7\ 2\ 7\ 2\ 7\ 2\ 7
\end{array}
$$

我们现在谈及这个奇怪的数的一个非常特殊的方面。假设我们用 142857 这个
数乘以另一个大数，比如乘以 32789563521，将得到乘积 4684218675919497。我们
从右边开始把这个乘积按每六个数字为一组进行分组，再将分组所得的数相加。

---

[1] 原著中为 9，应该改为 7。——译者注

$$919497$$
$$218675$$
$$+\quad 4684$$
$$1142856$$

我们几乎就要完成这个演示了。我们现在需要做的就是再次按六个数字为一组分组，然后取左边的第一个数字 1，并将其加到剩余的数字上，如下所示：

$$142856$$
$$+\qquad 1$$
$$142857$$

现在我们看到数字 142857 再次出现了。当然，你也可能不再为此感到惊讶。为了证明这不是"人为操纵的"，我们将用另一个乘积重复上述操作。这次用 142857 乘以一个大数 89651273582410598，得到的乘积为 12807311990162430798486。然后从右边开始把这些数字按每六个数为一组进行分组，我们得到如下结果。

$$798486$$
$$162430$$
$$311990$$
$$+\quad 12807$$
$$1285713$$

再次取左边的第一个数字 1 并将其加到其余的数字上，我们得到了几乎是预料之中的结果。

$$285713$$
$$+\qquad 1$$
$$285714 = 142857 \times 2$$

你可能想尝试用 142857 与其他数相乘来验证这种现象。

巴比伦乘法

巴比伦人有一种相当奇特的乘法。他们制作了一个数字平方表，并发明了一种相当有趣的方式，用以计算两个随机选择的数的乘积。他们会计算加法和减法。当选择两个数（比如 a 和 b）来做乘法时，他们首先找到这两个数的和 $(a+b)$，其次找到这两个数的差 $(a-b)$，接着计算二者的平方差[1]，然后除以 4，由此便得到这两个数的乘积。让我们看看下面的例子。假设我们想计算 53 乘以 47，运算过程看起来是这样的[2]：

$$53 \times 47 = \frac{(53+47)^2 - (53-47)^2}{4} = \frac{100^2 - 6^2}{4} = \frac{10000 - 36}{4} = \frac{9964}{4} = 2491$$

考虑一般情况，我们可以得到下式：

$$\frac{(a+b)^2 - (a-b)^2}{4} = \frac{a^2 + 2ab + b^2 - a^2 + 2ab - b^2}{4} = \frac{4ab}{4} = ab$$

巴比伦人究竟在多大程度上知道这种复杂的代数演算可能值得探讨。然而，它确实起了作用，因为他们用它来计算乘法。其中的妙处在于，我们也可以在几何上证明这个过程是正确的，然而我们只处理正数。在图 1.5 中，我们标出了较大的正方形的边长 $(a+b)$ 和较小的正方形的边长 $(a-b)$ [3]，每个矩形的面积等于 $a \times b$。

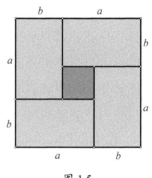

图 1.5

因此，两个正方形的面积之差为四个长方形的面积，其四分之一——$\dfrac{(a+b)^2 - (a-b)^2}{4}$ 就是一个长方形的面积，即所需的乘积 $a \cdot b$。

下面将巴比伦人的乘法用于 $a = 2.3$ 和 $b = 1.6$ 时的情形。

$$2.3 \times 1.6 = \frac{(2.3+1.6)^2 - (2.3-1.6)^2}{4} = \frac{3.9^2 - 0.7^2}{4} = \frac{15.21 - 0.49}{4} = \frac{14.72}{4} = 3.68$$

记住，这种巧妙的技巧基于这样的一个事实，即巴比伦人有一个关于平方数的表格供他们使用。我们不是试图证明不需要计算器，而是要证明以前虽然没有现代技术，但是巴比伦人的文化闪耀着智慧的光芒。

---

[1] 原著为计算二者的差，应该是计算平方差。——译者注
[2] 原著中下式缺少一个等号。——译者注
[3] 原著为 $(a+b)^2$ 和 $(a-b)^2$，有误。——译者注

俄罗斯农民的乘法

据说俄罗斯农民用一种相当奇特甚至是原始的方法来计算两个数的乘积，其道理实际上相当简单，但过程有点冗长。让我们看看如何获得 73 与 82 的乘积。我们一起计算这个乘法。首先列一个表，其中用来做乘法的两个数 73 和 82 位于第一行（见表 1.9）。在一列中通过依次将每个数字加倍来形成下一个数，而在另一列中依次取每个数的一半并删除余数。比如，对于 41，我们得到 20，余数为 1——暂时忽略。这一减半进程的其余部分现在应当非常明确了。

表 1.9

加倍	减半	要减半的对象的情况
73	82	偶数
146	**41**	**奇数**
292	20	偶数
584	10	偶数
1168	**5**	**奇数**
2336	2	偶数
4672	**1**	**奇数**

在表 1.9 中，我们在减半列（这里是第二列）中找到奇数，然后求加倍列（第一列）中与它们对应的数的和。这个和给出我们最初希望知道的 73 和 82 的乘积，即 $73 \times 82 = 146 + 1168 + 4672 = 5986$。

在上面的例子中，我们选择第一列作为加倍列，第二列作为减半列。我们也可以通过将第一列中的数字减半和将第二列中的数字加倍来得到结果（见表 1.10）。

表 1.10

减半	加倍	要减半的对象的情况
73	**82**	**奇数**
36	164	偶数
18	328	偶数

续表

减半	加倍	要减半的对象的情况
9	**656**	**奇数**
4	1312	偶数
2	2624	偶数
1	**5248**	**奇数**

为了完成乘法运算，我们在减半列中找到奇数，然后求加倍列中相应的数的和，结果我们得到 $73 \times 82 = 82 + 656 + 5248 = 5986$。

我们很好奇地看到一种算法如此简单。令人惊讶的是，它提供了正确的答案。然而，在我们这个技术时代，这种技巧被降级为仅仅是为了娱乐。

通过对每个步骤的系统分析，我们可以看到该算法何以有效（其中"*"表示奇数）。

$$*73 \times 82 = (36 \times 2 + 1) \times 82 = 36 \times 164 + 82 = 5986$$
$$36 \times 164 = (18 \times 2 + 0) \times 164 = 18 \times 328 + 0 = 5904$$
$$18 \times 328 = (9 \times 2 + 0) \times 328 = 9 \times 656 + 0 = 5904$$
$$*9 \times 656 = (4 \times 2 + 1) \times 656 = 4 \times 1312 + 656 = 5904$$
$$4 \times 1312 = (2 \times 2 + 0) \times 1312 = 2 \times 2624 + 0 = 5248$$
$$2 \times 2624 = (1 \times 2 + 0) \times 2624 = 5248 + 0 = 5248$$
$$*1 \times 5248 = (0 \times 2 + 1) \times 5248 = 0 \quad +5248 = 5248$$
$$\overline{5986}$$

对于那些熟悉二进制系统的人，也可以用以下方式来解释这种方法。

$$73 \times 82 = (1 \times 2^6 + 0 \times 2^5 + 0 \times 2^4 + 1 \times 2^3 + 0 \times 2^2 + 0 \times 2^1 + 1 \times 2^0) \times 82$$
$$= 2^0 \times 82 + 2^3 \times 82 + 2^6 \times 82$$
$$= 82 + 656 + 5248$$
$$= 5986$$

不管你是否对这种计算乘积的方法有了充分的了解，你现在至少应该对你在学校里学到的乘法有了更深入的理解。即使今天大多数人都用计算器做乘法，也有许多其他计算乘积的方法，这里显示的可能是最奇怪的方法之一。正是通过这种怪异的方法，我们才能欣赏到数学所具有的高度的一致性，也正是这种一致性使人们得以构想出这种与常规方法迥异的算法。

一些质数分母

前面我们讨论过质数，就是那些除了它们本身和 1 之外没有其他因数的数。现在我们将考虑那些分母是质数（不包括 2 和 5）的分数，并且其小数展开式产生偶数位的重复。这些将给我们提供更多的材料来发现令人惊讶的模式。

我们现在将这些重复部分看作一个数，并将这个偶数位的数字序列分成两部分，然后把它们相加。于是，一个惊人的结果出现了。在图 1.6 中，我们展示了所有数字都是 9 的结果！

$$\frac{1}{7} = 0.\overline{142857} \qquad \begin{array}{r} 142 \\ + 857 \\ \hline 999 \end{array}$$

$$\frac{1}{11} = 0.\overline{09} \qquad \begin{array}{r} 0 \\ + 9 \\ \hline 9 \end{array}$$

$$\frac{1}{13} = 0.\overline{076923} \qquad \begin{array}{r} 076 \\ + 923 \\ \hline 999 \end{array}$$

$$\frac{1}{17} = 0.\overline{0588235294117647} \qquad \begin{array}{r} 05882352 \\ + 94117647 \\ \hline 99999999 \end{array}$$

$$\frac{1}{19} = 0.\overline{052631578947368421} \qquad \begin{array}{r} 052631578 \\ + 947368421 \\ \hline 999999999 \end{array}$$

$$\frac{1}{23} = 0.\overline{0434782608695652173913} \qquad \begin{array}{r} 04347826086 \\ + 95652173913 \\ \hline 99999999999 \end{array}$$

图 1.6

顺便说一句，说到质数时，我们要告诉大家，139 和 149 是最小的两个相差 10 的质数。

更多奇怪的数

我们现在开始探讨一种最不寻常的数字现象。这一次，我们首先考虑单位分数，其分母是 9 的倍数，但不是 2 或 5 的倍数，如 $\frac{1}{27}$，$\frac{1}{63}$，$\frac{1}{81}$，$\frac{1}{99}$，$\frac{1}{117}$，$\frac{1}{153}$，$\frac{1}{171}$。我们将这些分数都转化为小数形式，即用分子除以分母，于是我们得到了以下小数。

$$\frac{1}{27} = \frac{1}{9 \times 3} = 0.037037037037037037037037037037 \cdots = 0.\overline{037}$$

$$\frac{1}{63} = \frac{1}{9 \times 7} = 0.0158730158730158730158730158730 \cdots = 0.0\overline{158730}$$

$$\frac{1}{81} = \frac{1}{9 \times 9} = 0.012345679012345679012345679 \cdots = 0.\overline{012345679}$$

$$\frac{1}{117} = \frac{1}{9 \times 13} = 0.0085470085470085470085470085470 \cdots = 0.0\overline{085470}$$

$$\frac{1}{153} = \frac{1}{9 \times 17} = 0.0065359477124183006535947712418300 \cdots = 0.00\overline{65359477124183}$$

$$\frac{1}{171} = \frac{1}{9 \times 19} = 0.00584795321637426900584795321637426900 \cdots = 0.00\overline{5847953216374269}$$

到目前为止，这种单位分数的小数转换并没有出现任何壮观的景象，接下来才是数字系统中令人惊叹的奇迹。我们现在用小数中的那些重复数字（不包括初始的零）形成新的数，再用新形成的这个数乘以 3 的倍数，该倍数刚好是用来得到这些分母的。此时，可以观察到奇妙的模式出现了。例如，对于 $\frac{1}{27}$，我们用 37 乘以 3 的倍数，因为分母 27 是用 9 乘以 3 得到的。我们依次用 37 乘以 3，6，9，$\cdots$，27。

$$37 \times 3 = 111$$
$$37 \times 6 = 222$$
$$37 \times 9 = 333$$
$$37 \times 12 = 444$$
$$37 \times 15 = 555$$
$$37 \times 18 = 666$$
$$37 \times 21 = 777$$
$$37 \times 24 = 888$$
$$37 \times 27 = 999$$

下一个分数 $\dfrac{1}{63}$ 的分母可以通过 9×7 得到。现在取 7 的倍数并乘以小数中的重复部分 15873，于是我们再一次得到一个容易识别的模式。

$$15873 \times 7 = 111111$$
$$15873 \times 14 = 222222$$
$$15873 \times 21 = 333333$$
$$15873 \times 28 = 444444$$
$$15873 \times 35 = 555555$$
$$15873 \times 42 = 666666$$
$$15873 \times 49 = 777777$$
$$15873 \times 56 = 888888$$
$$15873 \times 63 = 999999$$

继续分析前面所列举的分数，我们将发现这些结果每次都提供了令人惊奇且赏心悦目的数。

$$12345679 \times 9 = 111111111$$
$$12345679 \times 18 = 222222222$$
$$12345679 \times 27 = 333333333$$
$$12345679 \times 36 = 444444444$$
$$12345679 \times 45 = 555555555$$
$$12345679 \times 54 = 666666666$$
$$12345679 \times 63 = 777777777$$
$$12345679 \times 72 = 888888888$$
$$12345679 \times 81 = 999999999$$

$$8547 \times 13 = 111111$$
$$8547 \times 26 = 222222$$
$$8547 \times 39 = 333333$$
$$8547 \times 52 = 444444$$
$$8547 \times 65 = 555555$$
$$8547 \times 78 = 666666$$
$$8547 \times 91 = 777777$$
$$8547 \times 104 = 8888888$$
$$8547 \times 117 = 999999$$

$$65359477124183 \times 17 = 1111111111111111$$
$$65359477124183 \times 34 = 2222222222222222$$
$$65359477124183 \times 51 = 3333333333333333$$
$$65359477124183 \times 68 = 4444444444444444$$
$$65359477124183 \times 85 = 5555555555555555$$
$$65359477124183 \times 102 = 6666666666666666$$
$$65359\ 477124183 \times 119 = 7777777777777777$$
$$65359477124183 \times 136 = 8888888888888888$$
$$65359477124183 \times 153 = 9999999999999999$$

$$5847953216374269 \times 19 = 11111111111111111$$
$$5847953216374269 \times 38 = 22222222222222222$$
$$5847953216374269 \times 57 = 33333333333333333$$
$$5847953216374269 \times 76 = 44444444444444444$$
$$5847953216374269 \times 95 = 55555555555555555$$
$$5847953216374269 \times 114 = 66666666666666666$$
$$5847953216374269 \times 133 = 77777777777777777$$
$$5847953216374269 \times 152 = 88888888888888888$$
$$5847953216374269 \times 171 = 99999999999999999$$

你可能希望扩展此分数列表并验证该模式是否依然正确。为了显示更多的奇特性，我们逆转以前的一个乘法式子中出现的数字（从 81 演变而来的数）的顺序，看看会发生什么。结果我们再次得到了一个意想不到的、相当奇妙的模式！

$$987654321 \times 9 = \mathbf{8888888889}$$
$$987654321 \times 18 = \mathbf{17777777778}$$

$$987654321 \times 27 = \mathbf{26666666667}$$
$$987654321 \times 36 = \mathbf{35555555556}$$
$$987654321 \times 45 = \mathbf{44444444445}$$
$$987654321 \times 54 = \mathbf{53333333334}$$
$$987654321 \times 63 = \mathbf{62222222223}$$
$$987654321 \times 72 = \mathbf{71111111112}$$
$$987654321 \times 81 = \mathbf{80000000001}$$

有时，我们可以合理地排列数字，从而创建一个相当令人意外的模式，就像我们把分数转化成等价的小数时所做的一样。

$$\frac{1}{729} = 0.\overline{0013717421124828532235939643347050754458161865569272976680384087791495198902606 31}$$

上述小数点后的 81 位数字可以按照每 9 个一组共分成 9 组排列：

$$0.001371742$$
$$112482853$$
$$223593964$$
$$334705075$$
$$445816186$$
$$556927297$$
$$668038408$$
$$779149519$$
$$890260631$$

通过观察同一列中的数字，我们可以发现相当多不寻常的模式，例如连续的数字。看来算术中的奇妙现象似乎是无穷无尽的！

表示数的不寻常方法

如何只使用数字 3 来表示 34? 答案是 $33 + \dfrac{3}{3}$。

只使用数字 5 可以将 56 表示为 $55 + \dfrac{5}{5}$。我们可以只使用数字 9 将 1000 表示

为 $999 + \dfrac{9}{9}$。我们可以尝试用四个数字 4 来表示从 1 到 100 的数。在你尝试之前不要再读下去。虽然我们在这里提供了答案，但我们希望你也能对其他的数做同样的事情。

$$0 = 44 - 44 = \frac{4}{4} - \frac{4}{4}$$

$$1 = \frac{4+4}{4+4} = \frac{\sqrt{44}}{\sqrt{44}} = \frac{4+4-4}{4}$$

$$2 = \frac{4 \times 4}{4+4} = \frac{4-4}{4} + \sqrt{4} = \frac{4}{4} + \frac{4}{4}$$

$$3 = \frac{4+4+4}{4} = \sqrt{4} + \sqrt{4} - \frac{4}{4} = \frac{4 \times 4 - 4}{4} = 4 - 4^{4-4}$$

$$4 = \frac{4-4}{4} + 4 = \frac{\sqrt{4 \times 4} \times 4}{4} = (4-4) \times 4 + 4$$

$$5 = \frac{4 \times 4 + 4}{4}$$

$$6 = \frac{4+4}{4} + 4 = \frac{4\sqrt{4}}{4} + 4$$

$$7 = \frac{44}{4} - 4 = \sqrt{4} + 4 + \frac{4}{4} = (4+4) - \frac{4}{4}$$

$$8 = 4 \times 4 - 4 - 4 = \frac{4(4+4)}{4} = 4 + 4 + 4 - 4$$

$$9 = \frac{44}{4} - \sqrt{4} = 4\sqrt{4} + \frac{4}{4} = \frac{4}{4} + 4 + 4$$

$$10 = 4 + 4 + 4 - \sqrt{4} = \frac{44 - 4}{4}$$

$$11 = \frac{4}{4} + \frac{4}{0.4} = \frac{44}{\sqrt{4} + \sqrt{4}}$$

$$12 = \frac{4 \times 4}{\sqrt{4}} + 4 = 4 \times 4 - \sqrt{4} - \sqrt{4} = \frac{44 + 4}{4}$$

$$13 = \frac{44}{4} + \sqrt{4}$$

$$14 = 4 \times 4 - 4 + \sqrt{4} = 4 + 4 + 4 + \sqrt{4} = \frac{4!}{4+4+4} = 4! - (4 + 4 + \sqrt{4})$$

$$15 = \frac{44}{4} + 4 = \frac{\sqrt{4} + \sqrt{4} + \sqrt{4}}{0.4}$$

$$16 = 4 \times 4 - 4 + 4 = \frac{4 \times 4 \times 4}{4} = 4 + 4 + 4 + 4$$

$$17 = 4 \times 4 + \frac{4}{4}$$

$$18 = \frac{44}{\sqrt{4}} - 4 = 4 \times 4 + 4 - \sqrt{4} = 4 \times 4 + \frac{4}{\sqrt{4}} = \frac{4! + 4! + 4!}{4}$$

$$19 = \frac{4 + \sqrt{4}}{0.4} + 4 = 4! - 4 - \frac{4}{4}$$

$$20 = 4 \times 4 + \sqrt{4} + \sqrt{4} = \left(4 + \frac{4}{4}\right) \times 4$$

$$21 = 4! - 4 + \frac{4}{4}$$

$$22 = \frac{4}{4} \times (4!) - \sqrt{4} = 4! - \frac{4 + 4}{4} = \frac{44}{4} \times \sqrt{4} = 4 \times 4 + 4 + \sqrt{4}$$

$$23 = 4! - \sqrt{4} + \frac{4}{4} = 4! - 4^{4-4}$$

$$24 = 4 \times 4 + 4 + 4$$

$$25 = 4! + \sqrt{4} - \frac{4}{4} = 4! + 4^{4-4} = \left(4 + \frac{4}{4}\right)^{\sqrt{4}}$$

$$26 = \frac{4}{4} \times (4!) + \sqrt{4} = 4! + \sqrt{4 + 4 - 4} = 4 + \frac{44}{\sqrt{4}}$$

$$27 = 4! + 4 - \frac{4}{4}$$

$$28 = (4 + 4) \times 4 - 4 = 44 - 4 \times 4$$

$$29 = 4! + 4 + \frac{4}{4}$$

$$30 = 4! + 4 + 4 - \sqrt{4}$$

$$31 = \frac{(4 + \sqrt{4})! + 4!}{4!}$$

$$32 = 4 \times 4 + 4 \times 4$$

$$33 = 4! + 4 + \frac{\sqrt{4}}{0.4}$$

$$34 = 4 \times 4 \times \sqrt{4} + \sqrt{4} = 4! + \frac{4!}{4} + 4 = \sqrt{4^4} \times \sqrt{4} + \sqrt{4}$$

$$35 = 4! + \frac{44}{4}$$

$$36 = (4+4) \times 4 + 4 = 44 - 4 - 4$$

$$37 = 4! + \frac{4! + \sqrt{4}}{\sqrt{4}}$$

$$38 = 44 - \frac{4!}{4}$$

$$39 = 4! + \frac{4!}{4 \times 0.4}$$

$$40 = (4! - 4) + (4! - 4) = 4 \times (4 + 4 + \sqrt{4})$$

$$41 = \frac{4! + \sqrt{4}}{0.4} - 4!$$

$$42 = 44 - 4 + \sqrt{4} = (4! + 4!) - \frac{4!}{4}$$

$$43 = 44 - \frac{4}{4}$$

$$44 = 44 + 4 - 4$$

$$45 = 44 + \frac{4}{4}$$

$$46 = 44 + 4 - \sqrt{4} = 4! + 4! - \left(\frac{4}{\sqrt{4}}\right)$$

$$47 = 4! + 4! - \frac{4}{4}$$

$$48 = (4 \times 4 - 4) \times 4 = 4 \times (4 + 4 + 4)$$

$$49 = 4! + 4! + \frac{4}{4}$$

$$50 = 44 + \frac{4!}{4} = 44 + 4 + \sqrt{4}$$

$$51 = \frac{4! - 4 + 0.4}{0.4}$$

$$52 = 44 + 4 + 4$$

$$53 = 4! + 4! + \frac{\sqrt{4}}{0.4}$$

$$54 = 4! + 4! + \sqrt{4} + 4$$

$$55 = \frac{4! - 4 + \sqrt{4}}{0.4}$$

$$56 = 4! + 4! + 4 + 4 = 4 \times (4 \times 4 - \sqrt{4})$$

$$57 = \frac{4! - \sqrt{4}}{0.4} + \sqrt{4}$$

$$58 = (4! + 4) \times \sqrt{4} + \sqrt{4} = 4! + 4! + \frac{4}{0.4}$$

$$59 = \frac{4! - \sqrt{4}}{0.4} + 4 = \frac{4!}{0.4} - \frac{4}{4}$$

$$60 = 4 \times 4 \times 4 - 4 = \frac{4^4}{4} - 4 = 44 + 4 \times 4$$

$$61 = \frac{4! + \sqrt{4}}{0.4} - 4 = \frac{4!}{0.4} + \frac{4}{4}$$

$$62 = 4 \times 4 \times 4 - \sqrt{4}$$

$$63 = \frac{4^4 - 4}{4}$$

$$64 = 4\sqrt{4} \times 4\sqrt{4} = 4 \times (4! - 4 - 4) = (4 + 4) \times (4 + 4)$$

$$65 = \frac{4^4 + 4}{4}$$

$$66 = 4 \times 4 \times 4 + \sqrt{4}$$

$$67 = \frac{4! + \sqrt{4}}{0.4} + \sqrt{4}$$

$$68 = 4 \times 4 \times 4 + 4 = \frac{4^4}{4} + 4$$

$$69 = \frac{4! + \sqrt{4}}{0.4} + 4$$

$$70 = \frac{(4 + 4)!}{4! \times 4!} = 44 + 4! + \sqrt{4}$$

$$71 = \frac{4! + 4.4}{0.4}$$

$$72 = 44 + 4! + 4 = 4 \times (4 \times 4 + \sqrt{4})$$

$$73 = \frac{4! \times \sqrt{4} + \sqrt{0.\overline{4}}}{\sqrt{0.\overline{4}}}$$

$$74 = 4! + 4! + 4! + \sqrt{4}$$

$$75 = \frac{4! + 4 + \sqrt{4}}{0.4}$$

$$76 = 4! + 4! + 4! + 4$$

$$77 = \left(\frac{4}{0.\overline{4}}\right)^{\sqrt{4}} - 4$$

$$78 = 4 \times (4! - 4) - \sqrt{4}$$

$$79 = 4! + \frac{4! - \sqrt{4}}{0.4}$$

$$80 = (4 \times 4 + 4) \times 4$$

$$81 = \left[4 - \left(\frac{4}{4}\right)\right]^4 = \left(\frac{4!}{4\sqrt{4}}\right)^4$$

$$82 = 4 \times (4! - 4) + \sqrt{4}$$

$$83 = \frac{4! - 0.4}{0.4} + 4!$$

$$84 = 44 \times \sqrt{4} - 4$$

$$85 = \frac{4! + \frac{4}{0.4}}{0.4}$$

$$86 = 44 \times \sqrt{4} - \sqrt{4}$$

$$87 = 4 \times 4! - \frac{4}{0.\overline{4}} = 44\sqrt{4} - i^4$$

$$88 = 4 \times 4! - 4 - 4 = 44 + 44$$

$$89 = 4! + \frac{4! + \sqrt{4}}{0.4}$$

$$90 = 4 \times 4! - 4 - \sqrt{4} = 44 \times \sqrt{4} + \sqrt{4}$$

$$91 = 4 \times 4! - \frac{\sqrt{4}}{0.4}$$

$$92 = 4 \times 4! - \sqrt{4} - \sqrt{4} = 44 \times \sqrt{4} + 4$$

$$93 = 4 \times 4!- \sqrt{\frac{4}{0.\overline{4}}}$$

$$94 = 4 \times 4!+ \sqrt{4} - 4$$

$$95 = 4 \times 4!- \frac{4}{4}$$

$$96 = 4 \times 4!+ 4 - 4 = 4!+ 4!+ 4!+ 4!$$

$$97 = 4 \times 4!+ \frac{4}{4}$$

$$98 = 4 \times 4!+ 4 - \sqrt{4}$$

$$99 = \frac{44}{0.\overline{44}} = 4 \times 4!+ \frac{\sqrt{4}}{\sqrt{0.\overline{4}}} = \frac{4}{4\%} - \frac{4}{4}$$

$$100 = 4 \times 4!+ \sqrt{4} + \sqrt{4} = \left(\frac{4}{0.4}\right) \times \left(\frac{4}{0.4}\right) = \frac{44}{0.44}$$

诡异的数字属性

我们可以尝试做一个有趣的练习，就是将每一个自然数表示成两个或多个连续的自然数之和。这里有几个这样的例子。

$$3 = 1 + 2$$
$$5 = 2 + 3$$
$$6 = 1 + 2 + 3$$
$$7 = 3 + 4$$
$$10 = 1 + 2 + 3 + 4$$
$$17 = 8 + 9$$
$$18 = 3 + 4 + 5 + 6 = 5 + 6 + 7$$
$$51 = 6 + 7 + 8 + 9 + 10 + 11$$

所有的自然数都可以这样表示吗？以下给出了更多的例子：

$$9 = 2 + 3 + 4 = 4 + 5$$
$$11 = 5 + 6$$
$$12 = 3 + 4 + 5$$
$$13 = 6 + 7$$

$$14 = 2 + 3 + 4 + 5$$
$$15 = 4 + 5 + 6 = 7 + 8$$

看来有些自然数被遗漏了。如果你还没有这样做，那么就试着看看 2 的方幂是否也符合这种模式。这种模式在什么情况下是不可能的？你能够从你的发现中得出一些结论吗？

德·波利尼亚克的错误推测

1848 年，法国数学家阿方斯·德·波利尼亚克（1817—1890）推测，每一个大于 1 的奇数都可以表示为 2 的幂和一个质数之和。当看表 1.11 时，我们发现这个猜想对于直到 125 的奇数似乎都成立。然而，当试图将 127 表示为 2 的幂和一个质数之和时，我们发现这根本做不到。因此，看似很好的猜想并不成立。德·波利尼亚克声称对前 300 万个数字进行了尝试，发现只有 959 这个数不符合这一模式。然而，我们在表 1.11 中看到，127 也不允许这样表达。在前 1000 个数中有 16 个这样的奇数，它们并不符合这种模式。

表 1.11

奇数	2 的方幂与一个质数之和
3	$= 2^0 + 2$
5	$= 2^1 + 3$
7	$= 2^2 + 3$
9	$= 2^2 + 5$
11	$= 2^3 + 3$
13	$= 2^3 + 5$
15	$= 2^3 + 7$
17	$= 2^2 + 13$
19	$= 2^4 + 3$
……	……
51	$= 2^5 + 19$
……	……
125	$= 2^6 + 61$
127	$= ?$

续表

奇数	2 的方幂与一个质数之和
129	$= 2^5 + 97$
131	$= 2^7 + 3$
……	……
241	$= 2^7 + 113$
……	……
999999	$= 2^{16} + 934463$

不符合德·波利尼亚克猜想的数通常称为德·波利尼亚克数。数学家已经研究了德·波利尼亚克数，并寻找了模式。例如，是否可以找到两个连续的奇数都是德·波利尼亚克数？这可能是一个有趣的问题。这里有几个这样的例子：905和907，3341和3343，3431和3433。顺便说一下，905是德·波利尼亚克数中的第一个复合数。有钻研精神的读者可能会搜索其他这样的数对。德·波利尼亚克数的另一个很好的特点是，如果从这些数中减去2，你就将得到一个复合数，而不是一个质数。

已知对于一个连续自然数数列，它们的立方和等于它们的和的平方，即 $1^3 + 2^3 + 3^3 + 4^3 + \cdots + n^3 = (1 + 2 + 3 + \cdots + n)^2$。我们可以用一个例子来证明这一点。

$$1^3 + 2^3 + 3^3 + 4^3 + 5^3 + 6^3 + 7^3 = 1 + 8 + 27 + 64 + 125 + 216 + 343 = 784$$
$$(1 + 2 + 3 + 4 + 5 + 6 + 7)^2 = 28^2 = 784$$

法国数学家约瑟夫·刘维尔（1809—1882）重新发现了一种以前归功于尼科马库斯的相当整洁的关系，即某组数的立方和也可以等于这些数的和的平方。进一步，前 n 个数的立方和等于第 n 个三角形数的平方。例如，取前五个自然数的立方和，可以证明这个和等于第五个三角形数（即前五个自然数的和）的平方。

$$1^3 + 2^3 + 3^3 + 4^3 + 5^3 = 1 + 8 + 27 + 64 + 125 = 225 = 15^2 = (1 + 2 + 3 + 4 + 5)^2。$$

记住，15 是第五个三角形数。

另一组数可以通过以下方式找到：我们选择任意一个数并列出该数的所有因数，然后我们列出这些因数自身所具有的因数的个数，这将是我们的关键的数字集合。例如，假设我们选择数字 12。这个数的因数为 1，2，3，4，6，12。这些因数本身所具有的因数的个数依次为 1，2，2，3，4，6。我们现在将涉及刘维尔定理。

$$1^3 + 2^3 + 2^3 + 3^3 + 4^3 + 6^3 = 324$$

$$(1 + 2 + 3 + 4 + 5 + 6)^2 = 18^2 = 324$$

令人惊讶的是，二者相等！

巧妙地化简烦琐的表达式

面对一个需要估算的相当麻烦的表达式时，许多人通常会伸手去拿计算器。先看看下面这个粗略的估算任务。

$$(3 + 1) \cdot (3^2 + 1)(3^4 + 1) \cdot (3^8 + 1) \cdot (3^{16} + 1) \cdot (3^{32} + 1)$$

在计算器的帮助下，加上大量的耐心，我们将得到 1.717×10^{30} 的近似答案。

柏林的一名 14 岁的学生（H. N. 蒂·明）是柏林天才数学学生协会的成员。她想到了一个巧妙的技巧来化简这个吓人的表达式。将这个表达式用 x 来表示，得到：

$$x = (3 + 1) \cdot (3^2 + 1) \cdot (3^4 + 1) \cdot (3^8 + 1) \cdot (3^{16} + 1) \cdot (3^{32} + 1)$$

然后，她引入一个项（$3 - 1$）（$= 2$），该项可以连续地与后续项结合。

$$x \cdot (3 - 1) = (3 - 1) \cdot (3 + 1) \cdot (3^2 + 1) \cdot (3^4 + 1) \cdot (3^8 + 1) \cdot (3^{16} + 1) \cdot (3^{32} + 1)$$

$$x \cdot (3 - 1) = (3^2 - 1) \cdot (3^2 + 1) \cdot (3^4 + 1) \cdot (3^8 + 1) \cdot (3^{16} + 1) \cdot (3^{32} + 1)$$

$$x \cdot (3 - 1) = (3^4 - 1) \cdot (3^4 + 1) \cdot (3^8 + 1) \cdot (3^{16} + 1) \cdot (3^{32} + 1)$$

$$x \cdot (3 - 1) = (3^8 - 1) \cdot (3^8 + 1) \cdot (3^{16} + 1) \cdot (3^{32} + 1)$$

$$x \cdot (3 - 1) = (3^{16} - 1) \cdot (3^{16} + 1) \cdot (3^{32} + 1)$$

$$x \cdot (3 - 1) = (3^{32} - 1) \cdot (3^{32} + 1)$$

$$x \cdot (3 - 1) = 3^{64} - 1$$

因此，$2x = 3^{64} - 1$，这使得我们可以根据表达式 $x = \dfrac{3^{64} - 1}{2}$ 计算出 x。

我们用这种巧妙的方法来转换这个烦琐的表达式，从而得到：

$$(3 + 1) \cdot (3^2 + 1) \cdot (3^4 + 1) \cdot (3^8 + 1) \cdot (3^{16} + 1) \cdot (3^{32} + 1) = \frac{3^{64} - 1}{2}$$

$$= 1716841910146256242328924544640$$

答案也可以写成 $1.71684191014625624232892454464 0 \times 10^{30}$，这类似于计算器带给我们的近似值。

代数展示的奇妙

我们从代数中知道，把二项式 $x+1$ 平方便得到 $(x+1)^2 = x^2 + 2x + 1 = x^2 + (2x+1)$。

这告诉我们，在从一个平方数 x^2 出发求下一个平方数 $(x+1)^2$ 时，我们只需用第一个平方数简单地加上第一个数的两倍，再加上 1。为了看看这种方法为何有效，我们可以取平方数 $4^2 = 16$，再加上 $2 \times 4 + 1$，便得到下一个平方数：$16 + 9 = 25 = 5^2$。

因此，两个连续平方数的差是第一个平方数的平方根的两倍加上 1。我们可以用下面的例子来说明这一点：平方数 64 和 81 之间的差可以通过取 64 的平方根的两倍并加 1 求得，即 $2 \times 8 + 1 = 17$。也就是说 $81 - 64 = 17$。这给了我们一种很好的方法来求任意两个连续平方数的差。这是相当容易理解的，因为 $(x+1)^2 = x^2 + 2x + 1 = x^2 + (2x+1)$，由此导出 $(x+1)^2 - x^2 = 2x + 1$。

连续平方数的模式识别

我们通过观察下面的模式开始研究连续平方数。

$$2^2 - 1^2 = 4 - 1 = 3 = 2 + 1$$
$$3^2 - 2^2 = 9 - 4 = 5 = 3 + 2$$
$$4^2 - 3^2 = 16 - 9 = 7 = 4 + 3$$
$$5^2 - 4^2 = 25 - 16 = 9 = 5 + 4$$

将以上这些等式进行适当的变形，我们得到如下等式：

$$2^2 - 2 = 1^2 + 1$$
$$3^2 - 3 = 2^2 + 2$$
$$4^2 - 4 = 3^2 + 3$$
$$5^2 - 5 = 4^2 + 4$$

你可能会提出这样的一个问题：是不是所有的平方数都符合这种模式？

在思考这个问题时，让我们拿更大的数来看看可能会发生什么。

$$25^2 - 24^2 = 625 - 576 = 49 = 25 + 24$$

上面的式子可以改写为 $25^2 - 25 = 24^2 + 24$。

这一模式似乎适用于所有的数，但这绝不是一个正确的证明。为了证明这一关系在一般情况下也成立，我们用任意的数 a 来验证 $a^2 - (a-1)^2 = \sqrt{a^2} + \sqrt{(a-1)^2} = a + (a-1)$。

一个简单的证明是这样的：$a^2 - (a-1)^2 = a^2 - (a^2 - 2a + 1) = a^2 - a^2 + 2a - 1 = 2a - 1 = a + (a-1)$。

因此，我们可以看到，连续平方数的差等于其平方根的和。换句话说，连续平方数的差等于它们的底数之和。同时，我们也证明了连续平方数的差总是奇数。

一个稍微深入一点的问题是看看是否有一些模式可以推广到两个随机选择的平方数。换句话说，我们看看是否有一个由以下方程产生的特定模式：$a^2 - b^2 = \sqrt{a^2} + \sqrt{b^2} = a + b$，其中 a 和 b 是任意自然数。我们从 $a^2 - b^2 = a + b$ 开始，对这两个平方数的差进行因数分解，得到 $(a+b)(a-b) = a + b$。通过在方程的两边加上 $-(a+b)$，我们得到 $(a+b)(a-b) - (a+b) = 0$。这个式子可以简化为：$(a+b)(a-b-1) = 0$。

我们知道，当两个数的乘积为 0 时，这两个数中的一个或两个必须是 0。如果 a 和 b 都是 0，那么显然这个方程是成立的。然而，这种特殊的情形并不让我们感兴趣。一旦 a 和 b 都大于零，$a + b$ 就大于零。因此，只有当 $a - b - 1 = 0$ 或 $a = b + 1$ 时，上述方程才成立。

这告诉我们，只有当 a 和 b 相差 1 时，它们才能满足上述方程。你知道如何回答我们最初的猜想了吗？

寻找质数的另一种方法

埃拉托色尼（约公元前 276—约前 194）提出的筛选法可能是最著名的生成质数的算法。1934 年，印度学生 S. P. 孙达拉姆开发了一种筛选法，也可以用来生成质数。这种相当奇特的技术并不广为人知,但它是有效的! 筛子(见图 1.6)的第一行和第一列都是等差数列,其中第一项是 4,公差是 3。每一行都是以这个原始等差数列的一个成员开始的等差数列,其公差比上一行的公差大,即第 2 行的公差为 5,第 3 行的公差为 7,以此类推。

4	7	10	13	16	19	22	25	28	...
7	12	17	22	27	32	37	42	47	...
10	17	24	31	38	45	52	59	66	...
13	22	31	40	49	58	67	76	85	...
16	27	38	49	60	71	82	93	104	...
19	32	45	58	71	84	97	110	123	...
...	...	...	...	...	...	...	...	...	

图 1.6

对于不在图 1.6 中的任意数 n,$2n+1$ 都是质数。换一种方式说,对于图 1.6 中的任意数 n,$2n+1$ 都不是质数。例如,如果我们选择不在图 1.6 中的数 33,那么我们就知道 $2 \times 33 + 1$ 的运算结果 67 是质数。如果我们选择图 1.6 中的数 31,那么 $2 \times 31 + 1$ 的运算结果 63 就不是质数。也许小表不会给你带来太多的惊喜,请想象一个非常大的表,它允许你生成质数,而且你可以确信它们真的是质数,你会是什么感觉呢?

方幂的惊人表现

1951 年,阿尔弗雷德·莫斯纳发表了一篇论文,其中有一个有趣的发现。我们将在这里和大家一起分享。

我们从自然数的列表开始,给列表中所有双号位置的数都添加方框。

1, 2, 3, 4, 5, 6, 7, 8, 9, 10, 11, 12, 13, 14, 15, 16, 17, 18, ···

然后,我们按顺序求每个加框的数前面的所有未加框的数的和,如图 1.7 中第二行所示。在第三行中,除了可以看到第二行中相关数的和以外,你还可以看到自然数的平方数逐一出现在那里。

1	[2]	3	[4]	5	[6]	7	[8]	9	[10]	11	[12]	13	[14]
1		1+3		1+3+5		1+3+5+7		1+3+5+7+9		1+3+5+ 7+9+11		1+3+5+7+ 9+11+13	
1		4		9		16		25		36		49	

15	[16]	17	[18]	19	[20]	...
1+3+5+7+9+11+13+15		1+3+5+7+9+11+13+15+17		1+3+5+7+9+11+13+15+17+19		
64		81		100		

图 1.7

我们重复这一过程，但这次我们把每三个自然数分为一组并为每组的最后一个数添加方框。然后，我们取未加框的数的和，并按照图 1.8 中第三行所示的方法添加方框。再取未加框的数的和，我们会发现剩下的数（均带方框）构成立方数的序列。

1	2	[3]	4	5	[6]	7	8	[9]	**10**	**11**
1	1+2		1+2+4	1+2+4+5		1+2+4+5+7	1+2+4+5+7+8		1+2+4+5+ 7+8+10	1+2+4+5+ 7+8+10+11
1		[3]	7		[12]	19		[27]	37	[48]
		1+7			1+7+19			1+7+19+37		
[1]			[8]			[27]			[64]	

[12]	13	14	[15]	16	...
	1+2+4+5+7+8+10+11+13	1+2+4+5+7+8+10+11+13+14		1+2+4+5+7+8+10+11+13+14+16	
	61	[75]		91	
	1+7+19+37+61			1+7+19+37+61+91	
[125]				[216]	

图 1.8

我们现在继续重复这个过程，但这次将每四个自然数分成一组并为每组的最后一个数添加方框（见图 1.9）。我们观察到，最终结果是自然数的四次方的序列。

1	2	3	【4】	5	6	7	【8】	9	10	11	【12】	13	14	15	【16】	17	18	19	20	...
1	3	【6】		11	17	【24】		33	43	【54】		67	81	【96】		113	131	【150】		
1	【4】			15	【32】			65	【108】			175	【256】			369	【500】			
【1】				16				【81】				【256】				【625】				

图 1.9

现在让我们给另一些自然数添加方框。我们将把三角形数（0，）1，3，6，10，15，21，…框起来（见图 1.10），然后按照与以前相同的过程求未加框的数的和。这一次得到的数构成阶乘的序列，即 1！，2！，3！，4！，…。

【1】	2	【3】	4	5	【6】	7	8	9	【10】	11	12	13	14	【15】	16	17	18	19	20	【21】	...
	【2】		6	【11】		18	26	【35】		46	58	71	【85】		101	118	136	155	【175】		
			【6】			24	【50】			96	154	【225】			326	444	580	【735】			
						【24】				120	【274】				600	1044	【1624】				
										【120】					720	【1764】					
															【720】						

图 1.10

我们将再次重复这个过程，这次为平方数添加方框，结果得到的数有点令人费解（见图 1.11）。

【1】	2	3	【4】	5	6	7	8	【9】	10	11	12	13	14	15	【16】	17	18	19	...
	2	【5】		10	16	23	【31】		41	52	64	77	91	【106】		123	141	160	
	【2】			12	28	【51】			92	144	208	285	【376】			499	640	800	
				12	【40】				132	276	484	【769】				1268	1908	2708	
				【12】					144	420	【904】					2172	4080	6788	
									144	【564】						2736	6816	13604	
									【144】							2880	9696	【23300】	
																2880	【12576】		
																【2280】			

图 1.11

为了从产生的这些数中找到一些意义，我们回顾一下前面生成的平方数，它们可以表示为：

$$1$$
$$1 + 2 + 1$$
$$1 + 2 + 3 + 2 + 1$$
$$1 + 2 + 3 + 4 + 3 + 2 + 1$$
$$1 + 2 + 3 + 4 + 5 + 4 + 3 + 2 + 1$$

用乘法代替加法，我们得到：

$$1$$
$$1 \times 2 \times 1$$
$$1 \times 2 \times 3 \times 2 \times 1$$
$$1 \times 2 \times 3 \times 4 \times 3 \times 2 \times 1$$
$$1 \times 2 \times 3 \times 4 \times 5 \times 4 \times 3 \times 2 \times 1$$

你可以看到每行中的数的乘积分别是 1，2，12，144，2880，…。这些乘积刚好是图 1.11 中最后加方框的那些数。继续进行下去，我们得到序列：1，2，12，144，2880，86400，3628800，203212800，14631321600，1316818944000，144850083840000，…。

读者可能希望用这种方法找到其他模式。类似地，我们可以通过考虑阶乘的正负交替之和 $n! - (n-1)! + (n-2)! + \cdots + 1!$ 来创建另一种模式。它提供了一个有待检验的模式：

$3! - 2! + 1!$	=	5
$4! - 3! + 2! - 1!$	=	19
$5! - 4! + 3! - 2! + 1!$	=	101
$6! - 5! + 4! - 3! + 2! - 1!$	=	619
$7! - 6! + 5! - 4! + 3! - 2! + 1!$	=	4421
$8! - 7! + 6! - 5! + 4! - 3! + 2! - 1!$	=	35899

······

这些（代数）和总是质数。如果继续扩展这个序列，我们可以得到 5，19，101，619，4421，35899，326981，3301819，36614981，…。据此，我们很快就会得出结论：所有这些（代数）和都是质数。但是，这其实是一个错误。例如，9! − 8!

$+7! - 6! + 5! - 4! + 3! - 2! + 1! = 326981$，而 326981 就不是一个质数，因为我们可以看到 $326981 = 79 \times 4139$。

有趣的 2 的方幂

有趣的是每个正整数都可以唯一地写成 2 的不同次的方幂之和，下面举几个例子。

$$1 = 2^0$$
$$5 = 2^0 + 2^2$$
$$9 = 2^0 + 2^3$$
$$11 = 2^0 + 2^1 + 2^3$$
$$31 = 2^0 + 2^1 + 2^2 + 2^3 + 2^4$$

以上是二进制系统中表示数字的一些例子，读者可自行扩展上述列表。

这里提供一些 2 的方幂，其中幂次本身就是 2 的方幂。

2^1　=　2

2^2　=　4

2^4　=　16

2^8　=　256

2^{16}　=　65536

2^{32}　=　4294967296

2^{64}　=　18446744073709551616

2^{128}　=　340282366920938463463374607431768211456

2^{256}　=　115792089237316195423570985008687907853269984665640564039457584007913129639936

2^{512}　=　13407807929942597099574024998205846127479365820592393377723561443721764030073546976801874298169903427690031858186486050853753882811946569946433649006084096

顺便说一句，当用十进制展开时，2^{86} 的值将是一个不含数字零的数。据推测，这可能是具有这一特征的 2 的最高方幂。读者可能希望使用计算机来验证这一点，但这就需要应对数字 2 的 86 次方。

2 的方幂的一种模式

2 的方幂在十进制中可能有不同的最高位数字，见表 1.12。例如，当取 2 的前九次方幂时，它们的最高位数字包含除 7 和 9 以外的所有数字。当取 2^{46} 和 2^{53} 时，我们可以看到剩下的两个数字（7 和 9）。

表 1.12

次数	2 的方幂	最高位数字
1	2	2
2	4	4
3	8	8
4	16	1
5	32	3
6	64	6
7	128	1
8	256	2
9	512	5
…	…	…
46	70368744177664	7
53	9007199254740992	9

换句话说，总是至少有一个 2 的方幂，其十进制形式以从 1 到 9 的 9 个数字中的任一个给定的数字开头。这种奇怪的属性不仅对于最高位成立，而且对于前几位都成立。也就是说，如果一个数的前三位为 262，那么我们就可以找到至少一个 2 的方幂，它的前三位是 262。事实上，$2^{18} = 262144$。如果这还不够惊人，那么我们还可以将这种奇怪的属性扩展到 2 以外的方幂，但不能扩展到 10 的方幂。假设我们选择 7 的一个方幂，它的前四位数字是 1628，我们会发现这样的数确实存在，如 $7^{18} = 1628413597910449$。关于这种引人注目的关系的证明超出了本书的范围，愿意探究的读者可以在罗斯·霍斯伯格所著的《数学天赋》（*Ingenuity in Mathematics*，耶鲁大学出版社，1970 年，第 38～45 页）中找到一个巧妙的证明。

数字的平方和

当开始考虑数字的平方和时，我们必须注意 110，因为它恰好可以用以下三种方式表示为平方和。

$$110 = 1^2 + 3^2 + 10^2 = 1 + 9 + 100$$
$$110 = 5^2 + 6^2 + 7^2 = 25 + 36 + 49$$
$$110 = 2^2 + 5^2 + 9^2 = 4 + 25 + 81$$

现在转到其他数字上。有一些奇怪的性质可能需要一点时间来产生，但它会让你敬畏。我们从一个随机选择的四位数（例如 1527）开始，然后算出其各位数字的平方和。对于 1527 来说，$1^2 + 5^2 + 2^2 + 7^2 = 1 + 25 + 4 + 49 = 79$。我们现在继续重复这个过程，计算 79 的各位数字的平方和，即 $7^2 + 9^2 = 130$。再一次重复这个过程，我们得到 $1^2 + 3^2 + 0^2 = 1 + 9 + 0 = 10$。然后继续重复这个过程，得到 $1^2 + 0^2 = 1$。你会注意到，不管你在开始时选择哪个数，通过反复求各位数字的平方和这个过程，最终所得到的数要么为 1（就像上面的例子一样），要么为 4。在后一种情况下，4 及其后生成的数字是 4，16，37，58，89，145，42，20，**4**，**16**，**37**，**58**，**89**，**145**，**42**，**20**，4，16，37，58，89，145，42，20，…。你会注意到这个序列是重复出现的，而且每次都从 4 开始。

对于自然数 n 产生长度为 8 的循环[4，16，37，58，89，145，42，20]或长度为 1 的循环[1]，将是一个非常有趣的问题。关于 $n = 1 \sim 100$ 和 $n = 9990 \sim 10000$，我们可以在《数学的惊奇和惊喜》(*Mathematical Amazements and Surprises*) 一书中找到。

除了考虑各位数字的平方外，对于一个数来说还有取其各位数字的方幂的另一种形式。这一次，我们将取各位数字的方次数为其本身。对于 3435，我们发现（令人惊讶的性质）$3435 = 3^3 + 4^4 + 3^3 + 5^5$。具有此种属性的数通常称为曼奇豪森数。我们知道，$0^0$ 一般是没有意义的。如果我们在这里定义 $0^0 = 0$，那么正好有四个曼奇豪森数，即 0，1，3435，438579088。

这里，我们将后两个曼奇豪森数按照上面提到的方式展开。

$$3435 = 3^3 + 4^4 + 3^3 + 5^5 = 27 + 256 + 27 + 3125$$

$$438579088 = 4^4 + 3^3 + 8^8 + 5^5 + 7^7 + 9^9 + 0^0 + 8^8 + 8^8$$
$$= 256 + 27 + 16777216 + 3125 + 823543 + 387420489 +$$
$$0 + 16777216 + 16777216$$

还有一些数可以表示为它的各位数字的方幂的和，但不像上面那样指数和底数是相同的，此时的指数是前几个自然数。请看下面的例子。

$$43 = 4^2 + 3^3$$
$$63 = 6^2 + 3^3$$
$$89 = 8^1 + 9^2$$
$$135 = 1^1 + 3^2 + 5^3$$
$$175 = 1^1 + 7^2 + 5^3$$
$$518 = 5^1 + 1^2 + 8^3$$
$$598 = 5^1 + 9^2 + 8^3$$
$$1306 = 1^1 + 3^2 + 0^3 + 6^4$$
$$1676 = 1^1 + 6^2 + 7^3 + 6^4$$
$$2427 = 2^1 + 4^2 + 2^3 + 7^4$$

幸运数

数学家经常寻找一些不寻常的模式和关系。人们可以问：这能够加深我们对于数学的理解吗？答案有时令人费解，因为发现相当有限。一系列被称为幸运数的数就是这样。1956 年，波兰裔美国数学家斯坦尼斯拉夫·马辛·乌拉姆（1909—1984）及其合作者发表了一篇论文，其中谈到了类似于埃拉托色尼的生成质数的筛选法的想法。他们也是从自然数开始的，但使用了一种不同的程序。据说这个想法来自弗拉维乌斯·约瑟夫（37/38—约100），他讲述了尤德法特被围困的故事：尤德法特和他的 40 名士兵被困在一个洞穴里，而出口被罗马人封锁。他们没有被抓，而是选择了自杀。他们围成一个圆圈，连续间隔三个人报数，直到只剩下一个人——幸运的人没有报数。幸运的是，他和另一个人留了下来，被罗马人俘虏了。理论上的计数游戏通常称为约瑟夫问题（或约瑟夫排列）。

现在，我们将使用 1 到 20 的自然数，每隔一个数字删除一个，即 1，<u>2</u>，3，<u>4</u>，5，<u>6</u>，7，<u>8</u>，9，<u>10</u>，11，<u>12</u>，13，<u>14</u>，15，<u>16</u>，17，<u>18</u>，19，<u>20</u>。也就是删除所有的偶数，剩下的当然是奇数：1，3，5，7，9，11，13，15，17，19。下一个没有被触及的数字是 3，所以我们打算删除每三个数字中的最后一个，即 1，3，<u>5</u>，7，9，<u>11</u>，13，15，<u>17</u>，19。现在留给我们的是如下序列：1，3，7，9，13，15，19。下一个未被触及的数字是 7，因此我们将删除每七个数字中的最后一个。在这种情况下，数字 19 将被删除，即 1，3，7，9，13，15，<u>19</u>。

现在留给我们的序列是：1，3，7，9，13，15。到目前为止，我们已经消除了 20 以内所有的不幸数字，这意味着剩下的数字称为幸运数——前面的故事中指的是那些没有被要求自杀的幸运士兵。如果我们采取超过 20 的数字来确定更多的幸运数，那么我们就将得到以下序列。

L: = {*l* | *l* 是幸运的}={1，3，7，9，13，15，21，25，31，33，37，43，49，51，63，67，69，73，75，79，87，93，99，…}。

数学家们花了一些时间来确定这些数字的意义，一些性质已经被揭示出来了。例如，有无限多的幸运数。我们也有一些可以称为幸运质数的数，它们既是幸运数又是质数。到目前为止，我们还不知道是否有无限多的幸运质数。前几位幸运质数是 3，7，13，31，37，43，67，73，79，127，151，163，193。

除了幸运数以外，我们下面将考虑其他一些类型的数。

快乐数和非快乐数

在我们的十进制数字系统中有另一个相当奇怪的性质，我们可以据此将全体自然数划分为两类。如果取一个数中各位数字的平方和得到第二个数，再取第二个数中各位数字的平方和得到第三个数，然后取第三个数中各位数字的平方和，如此继续下去，直到得到 1，那么我们就说第一个数是快乐数。利用此方案，最终不以数字 1 结束的数称为非快乐数。第二类数最终会陷入一个循环中——在一个圈中无限循环下去。

让我们考虑一个快乐数，比如说 13，并遵循上述过程不断地取各位数字的平方和。

$$1^2 + 3^2 = 10$$
$$1^2 + 0^2 = 1$$

让我们考虑快乐数 19，它有一条稍微长一点的路径到达数字 1。

$$1^2 + 9^2 = 82$$
$$8^2 + 2^2 = 68$$
$$6^2 + 8^2 = 100$$
$$1^2 + 0^2 + 0^2 = 1$$

下面是从 1 到 1000 的快乐数列表，你可能想检验其中的几个是不是快乐数。

1, 7, 10, 13, 19, 23, 28, 31, 32, 44, 49, 68, 70, 79, 82, 86, 91, 94, 97, 100, 103, 109, 129, 130, 133, 139, 167, 176, 188, 190, 192, 193, 203, 208, 219, 226, 230, 236, 239, 262, 263, 280, 291, 293, 301, 302, 310, 313, 319, 320, 326, 329, 331, 338, 356, 362, 365, 367, 368, 376, 379, 383, 386, 391, 392, 397, 404, 409, 440, 446, 464, 469, 478, 487, 490, 496, 536, 556, 563, 565, 566, 608, 617, 622, 623, 632, 635, 637, 638, 644, 649, 653, 655, 656, 665, 671, 673, 680, 683, 694, 700, 709, 716, 736, 739, 748, 761, 763, 784, 790, 793, 802, 806, 818, 820, 833, 836, 847, 860, 863, 874, 881, 888, 899, 901, 904, 907, 910, 912, 913, 921, 923, 931, 932, 937, 940, 946, 964, 970, 973, 989, 998, 1000。

前几对连续的快乐数是：（31，32），（129，130），（192，193），（262，263），（301，302），（319，320），（367，368），（391，392），…。

当你试图发现快乐数时，就会看到许多数会陷入相似的路径中，比如 19 和 91。当然，上述清单包括这些路径不同的快乐数：1, 7, 13, 19, 23, 28, 44, 49, 68, 79, 129, 133, 139, 167, 188, 226, 236, 239, 338, 356, 367, 368, 379, 446, 469, 478, 556, 566, 888, 899。

这些快乐数不含有数字 0，而且其各位数字是递增的。

25 是一个非快乐数。请注意这个过程将如何引导我们进入一个循环，而永远不会到达数字 1。

$$2^2 + 5^2 = 29$$
$$2^2 + 9^2 = 85$$
$$8^2 + 5^2 = \underline{8\ 9}$$
$$8^2 + 9^2 = 145$$
$$1^2 + 4^2 + 5^2 = 42$$
$$4^2 + 2^2 = 20$$
$$2^2 + 0^2 = 4$$
$$4^2 = 16$$
$$1^2 + 6^2 = 37$$
$$3^2 + 7^2 = 58$$
$$5^2 + 8^2 = \underline{8\ 9}$$

这里将开始另一次循环，从 89 开始重复出现前面已经出现过的所有内容。

在快乐数中，有一些是质数，它们也被称为快乐质数。小于 500 的快乐质数如下：7，13，19，23，31，79，97，103，109，139，167，193，239，263，293，313，331，367，379，383，397，409，487。

到目前为止，数学家已经对一些特殊的快乐数提出了一些断言。例如，含有数字 0～9 的最小的快乐数是 10234456789，包含 1～9 的最小的快乐数是 1234456789，没有包含数字零且是回文数的最小的快乐数是 13456789298765431。当我们允许包含数字零以及所有非零数字时，最小的快乐数是 1034567892987654301。到目前为止，没有重复数字的最大的快乐数是 986543210。

回顾这一章，我们想起第二个和第三个重单位质数，即 $r_{19} = 1111111111$ 111111111，$r_{23} = 11111111111111111111111$。这两个数碰巧都是快乐质数。

具有探索精神的读者可能会发现快乐数的其他特殊性质。我们还可以找到构成毕达哥拉斯三元组[1]的快乐数。到目前为止，人们发现的这种（不到 10000 的）三元组见图 1.12。

---

[1] 可以作为直角三角形三条边长度的三个正整数叫作毕达哥拉斯三元组。——译者注

（700, 3465, 3535）	（748, 8211, 8245）	（910, 8256, 8306）	（940, 2109, 2309）
（940, 4653, 4747）	（1092, 1881, 2175）	（1323, 4536, 4725）	（1527, 2036, 2545）
（1785, 3392, 3833）	（1900, 1995, 2755）	（1995, 4788, 5187）	（2715, 3620, 4525）
（2751, 8360, 8801）	（2784, 6440, 7016）	（3132, 7245, 7893）	（3135, 7524, 8151）
（3290, 7896, 8554）	（3367, 3456, 4875）	（3860, 5313, 6463）	（4284, 5313, 6825）
（4633, 5544, 7225）	（5178, 6904, 8630）	（5286, 7048, 8810）	（5445, 6308, 8333）
（5712, 7084, 9100）	（6528, 7480, 9928）		

图 1.12

如果我们把先前的快乐数列表扩大到 1000 以上，我们就会得到前三个连续的快乐数，它们分别是 1980，1981，1982。如果我们取这三个连续的快乐数中的第一个，那么我们就会注意到，通过减去该数的反转（0891），最终得到的数与原始数包含相同的数字，即 1980 – 0891 = 1089。

我们将展示 1089 这个数的许多独特的性质。在展示这些惊人的特征之前，我们已经注意到这个数的一个有趣的特性，因为它也可以由 9108 通过相同的方法生成，即 9108 – 8019 = 1089。

在欣赏 1089 的一个非凡的特征之前，我们应该注意到还有四个其他的四位数共享这个属性，即通过从一个数的反转数中减去这个数，所得到的差包含与这个数相同的数字。

$$5823 – 3285 = 2538$$
$$3870 – 0783 = 3087$$
$$2961 – 1692 = 1269$$
$$7641 – 1467 = 6174$$

这四个减式中的最后一个使我们得到了 6174，这是我们前面所说的卡普雷卡尔常数。它的另一个独特的性质可以在"关于大数的一些特性"一节中看到。

我们可以找到五个连续的快乐数，它们是 44488，44489，44490，44491，44492。关于快乐数的其他特性，请你自己去寻找吧！

神秘的数字 1089

我们意识到一些数具有极大的魅力，其中一个数就是 1089。我们在前面的两个减式中已经注意到了这一点。这个数的另一个特征可以通过取它的倒数来体现：

$$\frac{1}{1089} = 0.\overline{0009182736455463728191}\,。$$

除了前三个零和最后一个 1 之外，我们看到了一个回文数 918273645546372819，它从两个方向读起来是相同的。此外，当用 1089 乘以 5 时，我们也能得到一个回文数 5445；如果用 1089 乘以 9，我们能得到 9801——各位数字的排列顺序与原始数相反。

在四位及以下位数的数中，其倍数中各位数的排列顺序与原始数相反的另一个数是 2178，因为 2178 × 4 = 8712。顺便说一句，1089 也是一个完全平方数，因为 $33^2 = 1089 = 11^2 \times 3^2$。

现在让我们对 1089 进行适当的修改得到一些数，例如 10989，109989，1099989，10999989，…。再将所得到的这些数与 9 进行乘法运算，由此得到的结果让我们惊叹不已。

$$10989 \times 9 = 98901$$
$$109989 \times 9 = 989901$$
$$1099989 \times 9 = 9899901$$
$$10999989 \times 9 = 98999901$$
······

关于 1089，我们有一个简单的数字游戏。请你任选一个个位数字和百位数字不相同的三位数，紧接着反转该数中各位数字的排列顺序，然后使这两个数字相减（当然是用大数减去小数），再一次反转所得差值中各位数字的排列顺序，将反转所得到的这个新数加上前面的差值，结果总是 1089。为了了解这一过程，我们随机选择一个三位数，比如 732。我们现在做减法，即 732 − 237 = 495，然后逆转 495 中各位数字的排列顺序，得到 594。现在，我们对得到的最后两个数做加法：495 +

594 = 1089。是的，对所有这样的三位数来说，结果都是一样的。这是一个有趣的小把戏，可以用简单的代数方法来证明。

下面使用初等代数进行证明。我们将任意选择的一个三位数 $\overline{htu}$ 表示为 $100h+10t+u$，其中 h 表示百位数，t 表示十位数，u 表示个位数。各位数字的排列顺序颠倒后得到的数是 $100u+10t+h$。令 $h>u$，这是你选择的数或其反转后所得到的数中的一种情况。在减法中，$u-h<0$，因此从被减数的十位借 1，使个位数变成 $10+u$。由于相减的两个数字的十位数相同，我们又从被减数的十位数中借 1，那么十位数的值是 $10(t-1)$。为了使减法在十位上能够进行下去，需要向百位数借 1。于是，被减数的百位数变成 $100(h-1)$，而十位数变为 $10(t-1)+100=10(t+9)$。当做第一个减法时，我们得到：

$$\begin{array}{rcccc} & 100(h-1) & + & 10(t+9) & + & (u+10) \\ - & (100u & + & 10t & + & h) \\ \hline & 100(h-u-1) & + & 10\times9 & + & u-h+10 \end{array}$$

反转这个差 $100(h-u-1)+10\times9+(u-h+10)$ 的各位数字，我们得到：$100(u-h+10)+10\times9+(h-u-1)$。

将以上两个表达式相加，我们得到：$100(h-u-1)+10\times9+(u-h+10)+100(u-h+10)+10\times9+(h-u-1)=1000+90-1=\mathbf{1089}$。

这个代数证明使我们能够检查算术过程的一般情况，足以让我们保证这个过程对所有的数来说都是正确的。

一些特别奇妙的数字关系

这里有一些惊人的模式，它们来源于自然数列表。在第一种这样的模式中，我们首先列出自然数，并将它们按如下方式分组。注意，每一组的成员数量比上一组增加一个。

1,
2, 3,
4, 5, 6,

7，8，9，10，

11，12，13，14，15，

16，17，18，19，20，21，

22，23，24，25，26，27，28，

…

从第二组开始，我们现在将删除所有位于双号位置的组，以便保留以下内容。

1，

4，5，6，

11，12，13，14，15，

22，23，24，25，26，27，28，

…

求剩余的这些数的和，我们得到[1]$256 = 4^4$。

假设我们现在只取 21 个自然数，再次重复上述过程。从第二组开始，我们删除所有位于双号位置的组，将得到以下结果：1，4，5，6，11，12，13，14，15。再一次求剩余的这些数的和，我们得到 $81 = 3^4$。

我们可以由此推断，隔组删除数字之后所剩下的 n 组数的和等于 n^4。慎重的读者可能想通过更多的自然数来验证这一点。

以另一种方式对自然数进行分组也会导致一种相当惊人的模式。我们把自然数集合划分成大小不同的组。令人惊讶的是，组中的成员数之和正好是 3 的方幂，组的大小是 1，3，9，27，…（见表 1.13）。

表 1.13

组中的成员数	连续自然数分组	组中数之和
1	1	$1 = 3^0$
3	2，3，4	$9 = 3^2$
9	5，6，7，8，9，10，11，12，13	$81 = 3^4$
27	14，15，16，17，18，19，20，21，22，23，24，25，26，27，28，29，30，31，32，33，34，35，36，37，38，39，40	$729 = 3^6$

---

[1] 应为前四行的和。——译者注

注意，3 的指数是如何每次增加 2 的？你可能想知道接下来的 81 个自然数是否也具有这种性质（的确如此）。

顺便说一句，谈到 3 的方幂时，我们发现 121 是唯一满足如下条件的平方数：它是 3 的从 1 开始的连续方幂之和，即 $1 + 3 + 9 + 27 + 81 = 121$。数字 121 还有一个特点，那就是除了 4 之外，121 是唯一加上 4 后导致一个立方数（$125 = 5^3$）的平方数。

下面说一个很好的小特点。考虑四个数 1，3，8，120。仅仅基于外观，没有什么有意义的方式能够将这些数联系在一起。然而，通过一些技巧和创造力，我们可以想出一种相当奇怪的关系。如果把这四个数中的任意两个数相乘，再加上 1，那么我们最后就总是会得到一个平方数。例如，我们将 3 和 8 相乘得到 24，然后加上 1，得到一个完全平方数 25。类似地，我们将 8 和 120 相乘，然后加上 1，得到 961，$961 = 31^2$。人们已经证明，没有任何数可以添加到这四个数的小组中来，使得小组仍然具有生成一个平方数这样的属性。

取一个数，看看可以根据这个数构造什么样的关系，这往往是很有趣的。例如，考虑一下 132。乍一看，这个数没有明显的意义。通过尝试不同的关系和模式，人们可能会发现 132 等于由 1，3，2 可以形成的所有两位数的总和。也就是说，$12 + 13 + 21 + 23 + 31 + 32 = 132$。已经证明，132 是使得这种关系成立的最小的数。

这里有另一个经常被忽视的令人惊讶的关系：$12^2 = 144$，反转数字，我们得到 $21^2 = 441$。另一对具有这种关系的数是 13 和 169，$13^2 = 169$，反转数字，我们得到 $31^2 = 961$。你可能希望寻找其他这样的数对。

在考虑数字反转的时候，这里有一个简单的、值得欣赏的例子：$497 + 2 = 499$，$497 \times 2 = 994$。你可能会觉得这个更有趣：$12 \times 42 = 21 \times 24 = 504$。人们已经证明有 13 对这样奇怪的数，其中最大的数对是 36 和 84（$36 \times 84 = 63 \times 48 = 3024$）。你可能想试着找到其他 11 对这样的数。

另一个奇特的事发生在我们取两个两位数的平方数并把它们放在一起形成一个四位数的平方数时，唯一的例子是 1681（将 4^2 放在 9^2 的旁边）。这是一个完全平方数，因为 $1681 = 41^2$。其他显然的例子是具有如下形式的数：1600，2500，3600，…。

奇特的数或不寻常的关系是无限的。例如，下面的加法导致了一个完全平方数：$621770 + 077126 = 698896 = 836^2$。这已经是非常不寻常的事情了，但我们还可以使这些数变得更加壮观：$621770 - 077126 = 544644 = 738^2$。看哪，另一个完全平方数产生了！

$24678050 = 2^8 + 4^8 + 6^8 + 7^8 + 8^8 + 0^8 + 5^8 + 0^8$，这是一种很难发现的关系，因为涉及的数很大，而且它正好等于其各位数字的八次方幂的和。

我们可以看到另一件奇特的事情，就是存在那样的数，其各位数字的方幂之和恰好等于它本身，并且其中各位数字的方次数等于这个数字本身。例如，$438579088 = 4^4 + 3^3 + 8^8 + 5^5 + 7^7 + 9^9 + 0^0 + 8^8 + 8^8$。注意，我们在这里（为了方便起见）再次定义 $0^0 = 0$。

最奇特的数量 ∞

也许最奇怪的大小度量概念之一是无限，即 ∞。当我们说一个集合有无限多个元素时，对许多人来说，这意味着它只不过具有非常多的元素。虽然说这不是不正确，但这是在"卖空"这个概念。实际上，存在无穷大的数量级。例如，所有正整数的集合 $\{1, 2, 3, 4, 5, \cdots\}$ 是一个无限集合，它并不大于所有偶数的集合 $\{2, 4, 6, 8, 10, \cdots\}$。许多人很难相信这一点，因为自然数集包括所有的偶数以及所有的奇数。这个逻辑会让人相信自然数集的大小是偶数集合的两倍。既然这两个集合是无限的，前面的结论就不是真的。尽管这一断言看起来可能违反直觉，但我们可以通过以下方式来验证。为了证明这两个集合中元素数目的等价性，我们可以认为，自然数集合中的每一个元素都可以匹配偶数集合中的一个元素，从而使这两个集合的大小相等。当然，只有当集合无限大时，这才有效。显然，如果取前 100 个自然数的集合，则该集合显然大于从 2 到 100 的偶数的集合。正是这种无限的概念使我们能够正确地提出这一看似违反直觉的主张。构造一个大于自然数集合的集合的方法之一是取自然数的所有子集的集合，这显然是一个比自然数的无限集合更大的无限集合。

无限的概念也会使我们在几何领域感到不适。让我们考虑以下几点。我们从一组楼梯开始，每个楼梯可以有不同的大小，尽管它们的大小也可以相同，但这不会影响我们的讨论。图 1.13 展示了一段楼梯，各阶楼梯的垂直部分的高度之和是 a 个单位，而水平部分的长度之和是 b 个单位。换句话说，如果我们想从楼梯上的 P 点到 Q 点铺地毯，那么所需地毯的长度就为（$a+b$）个单位。

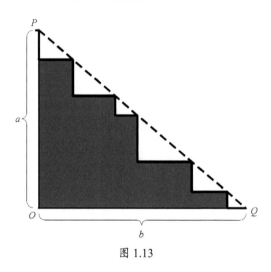

图 1.13

在图 1.13 中，我们可以看到，通过对所有水平段和所有垂直段进行求和，得到的粗线段（"楼梯"）长度的总和是 $a+b$。当楼梯的阶数增加时，和仍然是 $a+b$，即高度 OP 和长度 OQ 的总和不变。如果我们不断增加楼梯的阶数，每一阶楼梯自然就会越来越小。某个时候，每一阶楼梯都会变得很小，以至于整个楼梯看起来像一个斜面。这里，当我们将楼梯阶数增加到"极限"——无穷大时，困境就会出现。这样的楼梯似乎是一个平面，从侧面看时是一条直线，这是直角三角形 POQ 的斜边。根据这条推理，我们将得出 PQ 的长度为 $a+b$。然而，我们根据毕达哥拉斯定理知道 $PQ = \sqrt{a^2+b^2}$，而不是 $a+b$。这是怎么了？

没有什么不对的！当楼梯的阶数接近无穷大时，由各阶楼梯组成的集合确实越来越接近直线段 PQ，但它并不意味着粗线段（水平部分和垂直部分）的长度之和接近 PQ，这与我们的直觉相反。这里没有矛盾，只有我们直觉方面的失败。

解释这一现象的一种方法是做如下论证。随着楼梯变小，它们的数量增加了。在极端情况下，我们将长度为 0 的尺寸（对于楼梯）使用了无限次。这导致我们需要考虑 $0 \cdot \infty$，但这是毫无意义的！注意，这是一个非常难以理解的概念，通常我们在接受它之前会考虑很多因素。

我们可以用另一个几何解释中的类似情况来加以说明。考虑图 1.14 中的半圆，其中较小的半圆沿着大半圆的直径从一端排列到另一端。

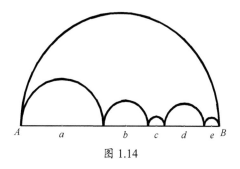

图 1.14

我们容易证明小半圆的弧长之和等于大半圆的弧长，即 $\dfrac{\pi a}{2} + \dfrac{\pi b}{2} + \dfrac{\pi c}{2} + \dfrac{\pi d}{2} +$

$\dfrac{\pi e}{2} = \dfrac{\pi}{2}(a+b+c+d+e) = \dfrac{\pi}{2} \cdot AB$，这也是大半圆的弧长。

事实上，当我们增加小半圆的数量（当然，小半圆本身会变小）时，各个小半圆弧长的总和保持不变。无论我们在点 A 和 B 之间拟合多少个小半圆，弧长之和仍然是 $\dfrac{\pi}{2} \cdot AB$。随着弧越来越小，它们将开始在视觉上消失，弧长之和 $\dfrac{\pi}{2} \cdot AB$ "似乎"接近线段 AB 的长度。其实不然！这是荒谬的，因为我们知道显然有 $AB \ne \dfrac{\pi}{2} \cdot AB$！

再一次，我们陷入了一种尴尬的处境。一组半圆弧的长度似乎接近线段 AB 的长度，然而正如我们在前面所证明的，这并不意味着当半圆的个数无限增加时，弧长的总和接近极限长度。在这种情况下，极限长度就是 AB。这就是 "数" 无穷大的诡异之处。

这个 "表面的极限和" 是荒谬的，因为点 A 和 B 之间的最短距离是线段 AB 的长度，而不是半圆弧 AB 的长度（它等于较小的半圆弧的长度之和）。这是一个重要的概念，我们一定要牢记，以便我们避免未来涉及这个奇怪的概念时可能产生的误解。

计算器有多可靠

我们在这个由技术驱动的世界中前行，对计算器的依赖变得越来越不容置疑。奇怪的是，计算器也可能导致一些错误的信息。例如，看看以下两个需要估算的表达式：$\sqrt[12]{1782^{12}+1841^{12}}$ 和 $\sqrt[12]{3987^{12}+4365^{12}}$。

分两次进行计算，计算器依次返回以下结果。

$$\sqrt[12]{1782^{12}+1841^{12}}=1922$$
$$\sqrt[12]{3987^{12}+4365^{12}}=4472$$

我们可以得出结论（根据我们的计算结果）：$1782^{12}+1841^{12}=1922^{12}$，$3987^{12}+4365^{12}=4472^{12}$。

这带来了一个进退两难的问题，因为我们知道法国著名数学家皮埃尔·德·费马（1607—1665/1666）于1637年在一本代数书（丢番图的《算术》的一个版本）的页边的空白处写道：“毕达哥拉斯定理不能扩展到2的以上次幂。换句话说，方程 $a^n+b^n=c^n$ 对于自然数 $n \geqslant 3$ 不成立。”虽然费马没有证明他的猜想，但他在页边写道：“这里没有足够的空间来证明这一点。”费马的这一猜想最终被安德鲁·怀尔斯（1953—）在1994年证明是正确的。从前面可以看出，对于12次方幂，上述方程似乎是正确的，即 $a^n+b^n=c^n$ 对于 $n=12$ 成立。计算器在要我们吗？事实上，当扩展到小数点后九位时，我们看到这两个数是不同的。

$1782^{12}+1841^{12}=$ **254121025**86145891762886699581424285266657

$1922^{12}=$ **254121025**93148014108192786496436651567616

它们的前九位数字是相同的，但这也是它们仅有的相似之处。这会让我们对依赖计算器形成的一般性结论产生怀疑。相等只出现在粗体部分，这暗示二者非常接近，但显然不相等！另一个例子可以提供类似的论据：

$3987^{12} + 4365^{12} =$ **63976656349**69861261623623095315448796987106

$4472^{12} =$ **63976656348**48672580686235832216857 5784124416

我们再次发现，$3987^{12} + 4365^{12} = 4472^{12}$ 也是一个错误的结论。

在这一章中，我们只是试图用数字系统中存在的无限奇特性、令人惊讶的关系和模式来激发读者的兴趣。找到这些的唯一限制是我们的创造力和时间，也许还有今天计算机的局限性。

在讨论一些自然数并发现了其无限的奇特性质之后，人们可能会问，有没有自然数是不奇特的？答案是所有的自然数都是奇特的。我们可以证明这一说法：假设一些自然数不是奇特的，那么这种数中一定有一个最小的，这一事实已经使这个数变得十分奇特了。因此，不可能有不奇特的自然数。

第**2**章 ▶▶▶
几何奇珍

围绕赤道的绳子

几何的奇特性体现在很多方面，它们可能在视觉上是具有欺骗性的，可能会导致意想不到的关系，或者它们最终可能会违反直觉。有时，几何关系确实是意料之外的，甚至令人难以置信。举个例子，将一根绳子绑在地球上，绕着 4 万千米长的赤道转一圈。现在我们把这根极长的绳子延长 1 米，于是它不再紧紧地贴在地球上（见图 2.1）。如果我们把这根松弛的绳子均匀地绕着赤道提起，使其上各点到赤道的距离相等，那么一只老鼠能从绳子下面钻过去吗？你的直觉是什么？

为了分析这种情况，我们将注意力集中在图 2.2 上。在图 2.2 中，我们描绘了两个同心圆——绳子和地球。我们的问题是求两个圆之间的距离（$x = R - r$）。先假设（不失一般性）内圆极小，小到它的半径（r）和周长（C）都为 0，从而把内圆缩小成一个点。这时两个圆之间的距离仅仅是外圆的半径（R）。使用众所周知的公式，我们很容易求出外圆的周长为 $2\pi R = C + 1$。当我们将内圆（当然是在理论上）缩小到零尺寸（即 $C = 0$）时，外圆的周长就是 $2\pi R = 0 + 1 = 1$，两个圆之间的距离（现在只是外圆的半径）是：

$$R = \frac{1}{2\pi} \approx 0.159 (\text{米})$$

图 2.1

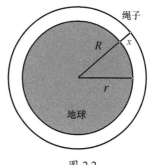

图 2.2

对于任何大小的内圆，都会得到相同的结果。因此，我们可以回答这样的一个问题，0.159 米是两个圆之间的距离。这种差异允许一只老鼠自由地从绳子下面通过。想象一下，只要把绕在地球上的绳子延长 1 米，我们就有足够的空间让老鼠通过！这应该能让你明白，在几何学中，并不是所有的东西"从直观上看都是显然的"，而且有一些几何"事实"很容易欺骗你。

相信你以前的某些认识已经被上述的惊人结果所颠覆，现在我们看看另一种可能的情况。现在按照图2.3 所示的方法放置一根比地球周长长 1 米的绳子，从外部的一个点将其拉紧。根据你的直觉，绳子拉紧后最高点与地球的距离如何？那个拉紧的点高出地球表面约 122 米。

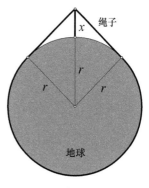

图 2.3

让我们看看为什么会这样。这一次的答案显然取决于地球的大小，而不仅仅依赖 π——但π仍然会在这种情况下发挥作用。

这个结果可能令人惊讶，因为人们凭直觉会认为，地球的周长是 4 万千米，那额外的 1 米几乎可以忽略不计。但这是错误的！球体越大，绳子上拉紧的点就离它

越远。为了说清楚这个问题，我们需要利用三角学
和计算器。

如图 2.4 所示，从外部的一点 T 拉紧绳子（比
地球周长长 1 米），使它的一部分紧贴地球表面，
一直到切点 S 和 Q 为止。我们试图求出点 T 离地球
表面有多远，这意味着我们将尝试求出 x（即 RT）
的大小。

从点 B 经过点 S 到点 T 的绳子的长度比地球
周长的一半长 0.5 米，所以 $\widehat{BS} + ST = \widehat{BSR} + 0.5$。
我们的目标是求出 RT（或 x）的大小。

让我们回顾一下我们到了哪一步。绳子紧贴在
弧 SBQ 上，然后以点 S 和 Q 为切点沿着切线到达点
T。在图 2.4 中，$\angle RMQ = \angle RMS$。

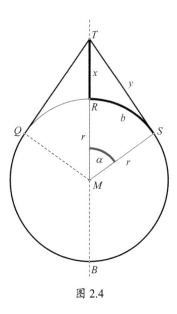

图 2.4

我们可以得到以下关系：$y = b + 0.5$，这相当于 $b = y - 0.5$（y 比 b 长 0.5 米，
因为绳子延长了 1 米）。

在 $\triangle MST$（$\angle TSM$ 为直角）中应用正切函数 $\tan\alpha = \dfrac{y}{r}$，因此 $y = r \cdot \tan\alpha$。

我们可以计算弧长与圆心角的比值，得到：

$$\frac{b}{\alpha} = \frac{2\pi r}{360°}$$

于是，我们得到 $b = \dfrac{2\pi \cdot r \cdot \alpha}{360°}$。由于 $C = 2\pi r$（假设地标赤道周长正好是
40000000 米），我们可以计算地球的半径。

$$r = \frac{C}{2\pi} = \frac{40000000}{2\pi} \approx 6366198（米）$$

结合上面的方程，我们得到如下等式。

$$b = \frac{2\pi \cdot r \cdot \alpha}{360°} = y - 0.5 = r \cdot \tan\alpha - 0.5$$

我们现在面临一个艰难的境地，即方程 $\dfrac{2\pi \cdot r \cdot \alpha}{360°} = r \cdot \tan\alpha - 0.5$ 的变量较多，不能以传统的方式求解，所以我们将建立一个可能的试值表（见表 2.1），看看什么数值最能满足该方程。

我们使用上面求出的 r 值 6366198 米。

表 2.1

α	$b = \dfrac{2\pi \cdot r \cdot \alpha}{360°}$	$b = r \cdot \tan\alpha - 0.5$	两个值的比较 （数值相同的位数）
30°	3333333.478	3675525.629	1
10°	1111111.159	1122531.971	2
5°	555555.5796	556969.6547	2
1°	111111.1159	111121.8994	4
0.3°	33333.33478	33333.13940	5
0.4°	44444.44637	44444.66844	5
0.35°	38888.89057	38888.87430	6
0.355°	39444.44615	39444.45091	6
更精确地			
0.353°	39222.22392	39222.22019	7
0.354°	39333.333504	39333.33554	8
0.3545°	39388.89059	39388.89322	7
0.355°	39444.44615	39444.45091	6

各种试验性的数值表明，第二列和第三列中的两个值最接近的时候为 $\alpha \approx 0.354°$。对于这个 α 值，$y = r \cdot \tan\alpha \approx 6366198 \times 0.006178544171 \approx 39333.83554$（米），大约为 39.334 千米。但是，绳子的最高点 T 离地球表面有多远？换句话说，x 的大小是多少？

若将勾股定理应用于 $\triangle MST$，则得到 $MT^2 = r^2 + y^2$，即 $MT^2 = 6366198^2 + 39333^2 = 40528476975204 + 1547163556 = 40530024138760$。因此，$MT \approx 6366319.512$ 米。$x = MT - r \approx 121.5120192$ 米，大约为 122 米。

这一结果也许令人吃惊，因为人们本能地认为，相对于地球的周长（4 万千米），那额外的 1 米完全可以忽略不计。这就是错误！我们再一次看到，球体越大，绳子就离它越远。这个令人惊讶的结果表明数学能最好地解释我们所处的世界！

看看极端情况：赤道半径减小到零时，我们可以得到 x 的最小值，即 $x = 0.5$ 米。

日本的几何学——算额

江户时代（1603—1868），欧几里得几何在日本得到了广泛传播。与欧洲对几何学的处理（该学科的公理化发展）相比，日本人更关心几何构型中个别部分的测量。算额（一种数学木牍）就是向人们传播这些几何知识的媒介之一。这些木牍只提供了基本几何应用方面的内容，而没有介绍新的定理。然而，通过解决其中的一些问题，一些新的想法产生了，尽管其中的许多想法直到 18 世纪后期才被记录下来。1789 年，日本数学家藤田嘉言（1765—1821）在他的著作《神壁算法》中首次介绍了这些算额问题，随后在 1807 年出版了一部名为《续神壁算法》的续集。

从十分简单的到相当复杂的，算额问题应有尽有。一个了解当今高中几何的学生应该能够解决其中的大多数问题。随着时间的推移，人们提出的问题更加复杂，甚至包括一些立体几何问题和圆锥的内切球问题。

算额问题 1

这里，我们给定一个正方形，正方形内有一个圆，圆与正方形的两条边和一条对角线相切（见图 2.5），要求根据正方形的边长求圆的半径。设圆的半径为 r，正方形的边长为 a，如何用含 a 的表达式来描述 r？

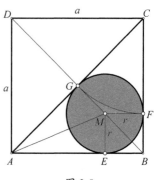

图 2.5

算额问题 1 的解答

圆心 M 必定位于正方形的对角线 BD 上，其中 $r = ME = MF$ ，$BG = BM + GM = BM + r$ 。我们知道四边形 $MEBF$ 是一个正方形，其中的两条邻边是两条等长的切线段。将勾股定理应用于 $\triangle BEM$，得到：

$$BM = \sqrt{ME^2 + BE^2} = \sqrt{ME^2 + MF^2} = \sqrt{2r^2} = \sqrt{2}r$$
$$BG = BM + r = \sqrt{2}r + r = (\sqrt{2} + 1)r$$

将勾股定理应用于 $\triangle BCD$，得到：

$$BD = \sqrt{BC^2 + CD^2} = \sqrt{2a^2} = \sqrt{2}a$$

由于正方形的两条对角互相平分，所以 $BG = DG = \dfrac{1}{2}BD$ 。结合这些等式，我们得到：

$$(\sqrt{2} + 1)r = \frac{\sqrt{2}a}{2}$$

因此，对于 $ME = MF = MG = r$ ，通过对分母进行有理化，我们可以得出以下结论。

$$r = \frac{\frac{\sqrt{2}a}{2}}{\sqrt{2} + 1} = \frac{2 - \sqrt{2}}{2}a \approx 0.29a$$

当然，还有其他方法来解决这个问题。我们只是在这里给出这样的一种方法作为示例。

算额问题 2

给定一个直角三角形及其斜边上的高，在高的两边各画一个圆，使每个圆都与直角三角形的斜边相切，与直角三角形的外接圆相切，且与直角三角形的高相切，如图 2.6 所示。我们要求根据直角三角形的边长求这两个圆的半径。

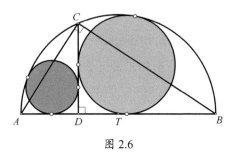

图 2.6

算额问题 2 的解答

如图 2.7 所示，点 T 是直角三角形 ABC 的外接圆的直径 AB 的中点，直角三角形 ABC 的边长分别为 a、b、c。

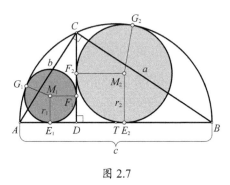

图 2.7

我们只需找到图 2.8 中圆的半径，因为位于 $\triangle ABC$ 的高 CD 的另一侧的圆的半径可用相似的方法求出。在 $\triangle ABC$ 中，$BD = p$，$AD = q$。点 G 是小圆与大圆弧的切点，该切点的切线在该切点的垂线将穿过大圆弧的圆心，这意味着 G、M 和 T 三点共线。

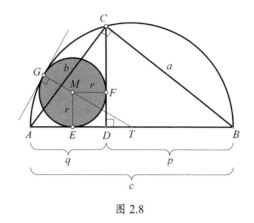

图 2.8

我们在图 2.8 中看到 $ET = ED + DT = ED + (BD - BT) = r + p - \dfrac{c}{2}$ ，$MT = GT - GM = \dfrac{c}{2} - r$ 。现在将勾股定理应用于 $\triangle EMT$ ，我们得到 $EM^2 = MT^2 - ET^2$ 。利用这些边的长度，我们也可以得到 $r^2 + (r + p - \dfrac{c}{2})^2 = (\dfrac{c}{2} - r)^2$ ，将其展开后得到 $r^2 + r^2 + pr - \dfrac{cr}{2} + pr + p^2 - \dfrac{cp}{2} - \dfrac{cr}{2} - \dfrac{cp}{2} + \dfrac{c^2}{4} = \dfrac{c^2}{4} - cr + r^2$ 。因此，$r^2 + 2pr + p^2 = cp$ ，或者 $(r + p)^2 = cp$ 。

直角三角形的任何一条直角边都是它在斜边上的投影与斜边的比例中项。因此，$\dfrac{AB}{BC} = \dfrac{BC}{BD}$ ，或 $BC^2 = AB \cdot BD$ ，即 $a^2 = cp$ 。通过代换得到 $(r + p)^2 = a^2$ 。由于长度是正值，我们得到 $r + p = a$ ，或 $r = a - p$ 。

由 $p = \dfrac{a^2}{c}$ 得到 $r = a - p = a - \dfrac{a^2}{c} = a(1 - \dfrac{a}{c}) = \dfrac{a(c - a)}{c}$ ，这正是我们所要寻求的，即根据三角形的边长计算 r 值的表达式。类似地，我们可以求出图 2.7 中另一个圆的半径 r_1 。因此，对于图 2.7，我们现在有了所要寻求的两个半径的计算公式：

$$r_1 = a - p = a - \dfrac{a^2}{c} = a\left(1 - \dfrac{a}{c}\right) = \dfrac{a(c - a)}{c} \text{ , } r_2 = b - q = b - \dfrac{b^2}{c} = b\left(1 - \dfrac{b}{c}\right) = \dfrac{b(c - b)}{c} \text{ 。}$$

算额问题 3

我们给定一个鲁洛克斯三角形，其中有三个全等（且彼此相切）的内接圆，如图 2.9 所示。首先构造等边三角形，然后以该三角形的每个顶点为圆心，以其边长为半径，绘制连接该三角形的另外两个顶点的圆弧，这样就非常简单地构造出了鲁洛克斯三角形，如图 2.10 所示。鲁洛克斯三角形具有许多迷人的特性，其中一些缘于它与圆的性质相似。例如，这个奇特的图形可以在两条平行线之间放置并旋转，同时始终保持与两条平行线相切，就像在这些情况下圆的表现一样。作为一个例子，一个圆形纽扣适合通过一个扣眼，而不管你按压纽扣的哪一侧。形如鲁洛克斯三角形的纽扣也是如此，即不管这种纽扣的哪一条边被推入扣眼，它都容易通过扣眼。

这里的问题是用等边三角形 ABC 的边长（a）来确定这三个全等的圆的半径。

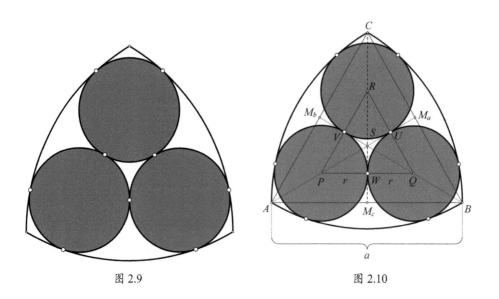

图 2.9   图 2.10

算额问题 3 的解答

在图 2.10 中，我们给出了等边三角形 ABC 的三条边 $AB = BC = AC = a$ ，它们的中点是 M_c 、M_a 和 M_b ，三个全等的圆之间的切点是 V 、U 和 W ，内接圆的半径 $PW = QW = QU = RU = PV = RV = r$ ，这两个三角形共同的中心是点 S 。通过将勾股定理应用于 $\triangle AM_cC$ ，我们得到 $CM_c^2 = AC^2 - AM_c^2 = a^2 - \left(\dfrac{a}{2}\right)^2 = \dfrac{3a^2}{4}$ ，从而有 $CM_c = \dfrac{\sqrt{3}a}{2}$ 。

同样，我们可以将勾股定理应用于 $\triangle PWR$ ，得到 $RW^2 = PR^2 - PW^2 = (2r)^2 - r^2 = 3r^2$ ，于是有 $RW = \sqrt{3}r$ 。

在图 2.11 中，我们注意到 $\triangle AM_cR$ 是一个直角三角形，其中一条直角边为 $AM_c = \dfrac{a}{2}$ ，斜边为 $AR = AA'' - RA'' = a - r$ 。

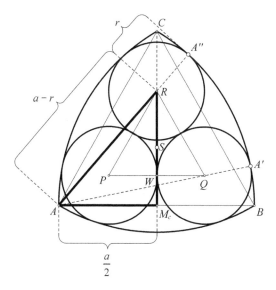

图 2.11

由于三角形的三条中线以重心为三分点，在 $\triangle ABC$ 中，我们有 $M_c S = \dfrac{1}{3} CM_c$，而在 $\triangle PQR$ 中，我们有 $SR = \dfrac{2}{3} RW$。接着应用以勾股定理得到的结果，我们得到：

$$M_c R = M_c S + SR = \frac{1}{3} CM_c + \frac{2}{3} RW = \frac{\sqrt{3}a}{6} + \frac{2\sqrt{3}r}{3}。$$

当将勾股定理应用于 $\triangle AM_c R$ 时，我们得到 $AR^2 = AM_c{}^2 + M_c R^2$，即 $(a-r)^2 = \left(\dfrac{a}{2}\right)^2 + \left(\dfrac{\sqrt{3}a}{6} + \dfrac{2\sqrt{3}r}{3}\right)^2$，由此可得：

$$a^2 - 2ar + r^2 = \frac{a^2}{4} + \frac{a^2}{12} + \frac{2ar}{3} + \frac{4r^2}{3}$$

$$a^2 - 2ar + r^2 = \frac{1}{3}a^2 + \frac{2}{3}ar + \frac{4}{3}r^2$$

$$\frac{1}{3} \times (2a^2 - 8ar - r^2) = 0$$

$$r^2 + 8ar - 2a^2 = 0$$

现在求解这个关于 r 的一元二次方程，我们得到：

$$r_{1,2} = -4a \pm \sqrt{16a^2 + 2a^2} = -4a \pm 3\sqrt{2}a$$

我们忽略负根 $-4a - 3\sqrt{2}a$。

所以，三个圆中每一个圆的半径都可用等边三角形 ABC 的边长表示为：

$$r = 3\sqrt{2}a - 4a = (3\sqrt{2} - 4)a \approx 0.24a$$

图形之间的面积

我们通常需要计算一个可以通过名称来识别的图形（比如圆或三角形）或者这些图形的一部分的面积。这里，我们背离了算额风格的传统，转而寻求图形（如圆）之间的区域的面积。首先要考虑的是三个全等且两两相切的圆之间的区域的面积，如图 2.12 所示。

在图 2.13 中，我们连接半径为 r 的三个全等的圆的圆心，从而形成了等边三角形 ABC，其边长为 $2r$，圆 A 和 B 以点 D 为切点，A、B 和 D 三点共线。对直角三角形 ADC 应用勾股定理，我们可以求出三角形 ABC 的高（$CD = h$）。由于 $h^2 + r^2 = (2r)^2$，因此 $h = \sqrt{3}r$。下面我们计算 $\triangle ABC$ 的面积。

$$A_{\triangle ABC} = 2r \cdot \frac{h}{2} = r \cdot h = \sqrt{3}r^2$$

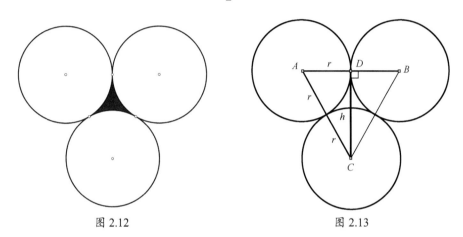

图 2.12　　　　　　　　　　　　　图 2.13

为了求出这三个全等的圆之间的区域的面积，我们可以简单地从三角形 ABC 的面积中减去三个阴影部分的面积（见图 2.14）。由于每个扇形都有一个 60° 的圆心角，所以这三个扇形的面积的和等于半个圆的面积。因此，$A_{三扇形} = \dfrac{\pi r^2}{2}$。于是，三个圆之间的这个区域的面积是：

$$A_1 = A_{\triangle ABC} - A_{三扇形} = \sqrt{3}r^2 - \frac{\pi r^2}{2} = \left(\sqrt{3} - \frac{\pi}{2}\right)r^2 \approx 0.16r^2$$

上面已经求出了三个全等且两两相切的圆所包围的区域的面积，我们现在将通过在该区域内插入第四个圆并使得它与每个较大的圆都相切来使情况复杂化，如图 2.15 所示。我们希望求出第四个圆与其他三个圆之间的区域的面积。

我们现在面临两个挑战：首先需要求出小圆的半径，然后求彼此相切的四个圆之间的区域的面积。为了做到这一点，我们可以参考图 2.16。这是图 2.15 的局部放大图，并且缺少了点 C。

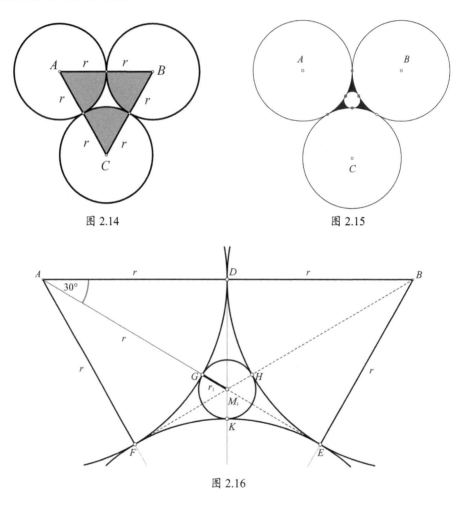

图 2.14

图 2.15

图 2.16

参考图 2.13 和图 2.16，我们注意到圆心为 A、B 和 C 的三个圆的切点为 D、E 和 F。由于等边三角形 ABC 的高、中线和角平分线相互重合且交于点 M_1，我们（根据中线的性质）得到 $CM_1 = 2DM_1$，$AM_1 = 2EM_1$，$BM_1 = 2FM_1$。令 $GM_1 = HM_1 = KM_1 = r_1$，我们有 $AM_1 = (BM_1 = CM_1 =)GM_1 + GA = r + r_1$。我们还知道 $\triangle AM_1B$、$\triangle BM_1C$ 和 $\triangle CM_1A$ 是全等的等腰三角形，其顶角都是 $120°$。因此，对于 $\triangle ADM_1$，

我们得到以下结果。

$$\cos\angle BAM_1 = \frac{AD}{AM_1} = \cos 30° = \frac{\sqrt{3}}{2} = \frac{1}{r+r_1}$$

因此，$r_1 = \left(\frac{2}{\sqrt{3}}-1\right)r = \left(\frac{2\sqrt{3}}{3}-1\right)r = \frac{2\sqrt{3}-3}{3}r \approx 0.15r$

如果你不想利用三角学，那么就可以将勾股定理应用于 $\triangle ADM_1$，于是得到：

$$AM_1^2 = AD^2 + DM_1^2$$

$$(r+r_1)^2 = r^2 + \left(\frac{\sqrt{3}}{3}\right)^2 r^2 = r^2 + \frac{1}{3}r^2 = \frac{4}{3}r^2$$

通过取该方程两边的平方根，我们得到 $r + r_1 = \frac{2}{\sqrt{3}}r$，然后解得 $r_1 = \frac{2\sqrt{3}-3}{3} \cdot r \approx$

$0.15r$。

为了得到所需的四个圆之间的区域的面积 A_2，我们需要用三个较大的圆之间的面积减去较小的圆的面积。

较小的圆的面积为：

$$A_{圆} = \pi \cdot r_1^2 = \pi \cdot \left(\frac{2\sqrt{3}-3}{3} \cdot r\right)^2 = \frac{7-4\sqrt{3}}{3} \cdot \pi \cdot r^2 \approx 0.075r^2$$

这时，我们能够通过从三个较大的圆之间的区域的面积中减去这个较小的圆的面积来求出四个圆之间的区域的面积。

$$A_2 = A_1 - A_{圆} = \left(\sqrt{3}-\frac{\pi}{2}\right)r^2 - \frac{7-4\sqrt{3}}{3} \cdot \pi \cdot r^2 = \left(\frac{8\sqrt{3}-17}{6} \cdot \pi + \sqrt{3}\right)r^2 \approx 0.086r^2$$

为了让情况更复杂一点，当我们求四个圆之间的区域的面积时，可以进一步插入三个更小的圆，使得插入的每一个圆与两个较大的圆和前一个小圆相切，如图 2.17 所示。我们设这些最小圆的半径为 r_2。

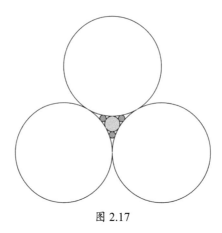

图 2.17

图 2.18（图 2.17 的局部放大图）中有几条辅助线可以帮助我们计算所指定的区域的面积。

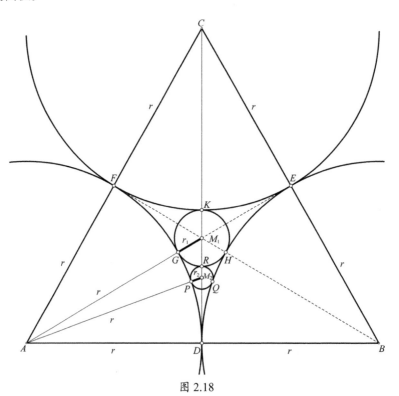

图 2.18

为了求三个最小的圆的半径 r_2，我们可以参考我们最近的发现，即 $r_1 = \dfrac{2\sqrt{3}-3}{3}r \approx 0.15r$。在图 2.18 中，我们还注意到这个最小的圆的圆心为点 M_2，它与其周围的三个圆的切点分别为 P、Q 和 R。因此，我们有 $PM_2 = QM_2 = RM_2 = r_2$，$RM_1 = r_1$。

为了得到较小的圆的半径，我们考虑两个直角三角形 ADM_1 与 ADM_2，其中 $AM_1 = r + r_1$，$AM_2 = r + r_2$，$M_1M_2 = M_1R + M_2R = r_1 + r_2$。这样，我们就可以应用勾股定理，得到如下结果。

$$
\begin{aligned}
DM_1 &= \sqrt{AM_1^2 - AD^2} = \sqrt{(r+r_1)^2 - r^2} = \sqrt{2rr_1 + r_1^2} = \sqrt{r_1(2r + r_1)} \\
&= \sqrt{\left(\frac{2\sqrt{3}}{3} - 1\right)r \cdot \left[2r + \left(\frac{2\sqrt{3}}{3} - 1\right)r\right]} = \sqrt{\left(\frac{2\sqrt{3}}{3} - 1\right)r \cdot \left(\frac{2\sqrt{3}}{3} + 1\right)r} \quad （1） \\
&= \sqrt{\frac{4 \times 3}{9} - 1} \cdot r = \frac{\sqrt{3}}{3}r \approx 0.58r
\end{aligned}
$$

通过考虑 $\triangle ABC$ 的质心（三条中线的交点）M_1，我们实际上可以得到同样的结果，而且可能会稍微快一点。

由于 $CM_1 = 2DM_1$，我们有 $DM_1 = \dfrac{1}{3}CD$。由于 CD 是 $\triangle ABC$ 的高，它的长度是 $\sqrt{3}r$，因此 $DM_1 = \dfrac{\sqrt{3}}{3}r$。

与计算 DM_1 的长度类似，我们得到以下结果。

$$
DM_2 = \sqrt{AM_2^2 - AD^2} = \sqrt{(r+r_1)^2 - r^2} = \sqrt{2rr_2 + r_2^2} = \sqrt{r_2(2r + r_2)}
$$

$$
DM_1 = DM_2 + M_2M_1 = \sqrt{r_2(2r + r_2)} + r_1 + r_2 = \sqrt{r_2(2r + r_2)} + \left(\frac{2}{\sqrt{3}} - 1\right)r + r_2 \quad （2）
$$

根据式（1）和式（2），我们得到如下等式。

$$
\frac{\sqrt{3}}{3}r = \sqrt{r_2(2r + r_2)} + \left(\frac{2}{\sqrt{3}} - 1\right)r + r_2
$$

将上式移项并整理，得到：

$$\frac{3-\sqrt{3}}{3} \cdot r - r_2 = \sqrt{r_2(2r+r_2)}$$

两边平方，得到：

$$\frac{(3-\sqrt{3})^2}{9} \cdot r^2 - \frac{2(3-\sqrt{3})}{3} rr_2 + r_2^2 = 2rr_2 + r_2^2$$

$$\frac{(3-\sqrt{3})^2}{9} \cdot r^2 = 2rr_2 + \frac{2(3-\sqrt{3})}{3} \cdot rr_2$$

将上式的两边同时乘以 9，得到：

$$(3-\sqrt{3})^2 r^2 = 18rr_2 + 6(3-\sqrt{3})rr_2$$

将上式的两边除以 r，得到：

$$(3-\sqrt{3})^2 r = 18r_2 + 6(3-\sqrt{3})r_2$$

$$(9-6\sqrt{3}+3)r = 18r_2 + 18r_2 - 6\sqrt{3}r_2$$

$$(12-6\sqrt{3})r = (36-6\sqrt{3})r_2$$

$$r_2 = \frac{12-6\sqrt{3}}{36-6\sqrt{3}} \cdot r = \frac{6(2-\sqrt{3})}{6(6-\sqrt{3})} \cdot r = \frac{2-\sqrt{3}}{6-\sqrt{3}} \cdot r = \left(\frac{3}{11} - \frac{4}{33}\sqrt{3}\right) \cdot r = \frac{9-4\sqrt{3}}{33} \cdot r \approx 0.063r$$

作为解决这个问题的另一种方法，我们也可以利用众所周知的余弦定律，并将其应用于 $\triangle AM_1M_2$，从而求出半径 r_2。

$$AM_1^2 = AM_2^2 + M_1M_2^2 - 2 \cdot AM_2 \cdot M_1M_2 \cdot \cos \angle AM_2M_1$$

$$(r+r_2)^2 = (r+r_1)^2 + (r_1+r_2)^2 - 2 \cdot (r+r_1) \cdot (r_1+r_2) \cdot \cos 60°$$

$$(r+r_2)^2 = (r+r_1)^2 + (r_1+r_2)^2 - (r+r_1) \cdot (r_1+r_2)$$

将 $r_1 = \frac{2\sqrt{3}-3}{3} \cdot r$ 代入上式，我们得到：

$$(r+r_2)^2 = -\frac{1}{3} \cdot [(2\sqrt{3}-7)r^2 + 2\sqrt{3}(\sqrt{3}-1)rr_2 - 3r_2^2]$$

$$r_2 = \frac{9-4\sqrt{3}}{33} \cdot r \approx 0.063r$$

虽然现在你已经看到计算相当不寻常的形状的面积十分有趣，但是我们要说这些并不是新开发的练习，而可以追溯到 1796 年，在那时日本的算额中可以看到一些求图形之间的区域面积的问题。法国著名数学家勒内·笛卡儿（1596—1650）在 1643 年提出的四圆定理中已经解决了最后一个问题。这些关于圆的问题后来被英国化学家弗雷德里克·索迪（1877—1956）重新发现，因此有时被称为"索迪圈"。之所以以索迪的名字进行命名，是因为他发表了一首题为《精确之吻》（*The Kiss Precise*）的诗。

奇特的四边形——平行四边形的惊人表现

四边形往往不如三角形重要，因为大多数线性几何问题可以转化为三角形问题，甚至对四边形的研究也主要是通过将它们分割成三角形来完成的。现在让我们考虑四边形的一些奇怪的性质。假设你随便画了一个任意形状的四边形，然后（用线段）依次连接邻边的中点。你期望得到的四边形是什么样子？试着任意画出一个四边形，最好是既没有两条边相等也没有两条边平行的四边形，然后找出每条边的中点，并连接它们，就像我们在图 2.19 中所做的那样。由此得到的形状应该是一个平行四边形，通常称之为维尼翁平行四边形。

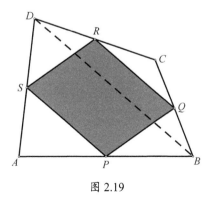

图 2.19

如果你认为这可能是巧合，那么试着画另一个四边形，重复同样的过程，连接相邻的两条边的中点，你会再次注意到你又得到了一个平行四边形。我们不妨得出这样的结论：通过依次连接任意四边形的邻边的中点而形成的四边形是平行四边形。

这很容易证明。在图 2.19 中，点 P、Q、R 和 S 是四边形 $ABCD$ 各边的中点。连接对角线 DB。在 $\triangle ABD$ 中，PS 是中位线，因此 $PS \,/\!/\, BD$，$PS = \frac{1}{2} BD$。同样，在 $\triangle BCD$ 中，QR 是中位线，因此 $QR \,/\!/\, BD$，$QR = \frac{1}{2} BD$。进一步得到 $PS \,/\!/\, QR$，$PS = QR$，这意味着四边形 $PQRS$ 是平行四边形。显然，$PQ \,/\!/\, SR$，$PQ = SR$。

人们可能会问，使用这种技术依次连接四边形邻边的中点时，什么类型的四边形可以生成矩形、菱形或正方形？

当平行四边形所有的边都相等时，它就是菱形。因此，通过依次连接四边形邻边的中点而形成的平行四边形的边是相应对角线长度的一半。我们可以得出结论：当该四边形的两条对角线相等时，通过依次连接该四边形邻边的中点而形成的平行四边形是菱形。换句话说，若一个四边形的两条对角线等长，那么通过依次连接该四边形邻边的中点而形成的四边形是菱形。我们在图 2.20 中表达了这一点。

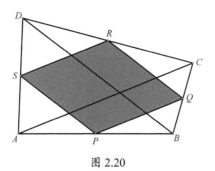

图 2.20

我们还可以证明：对于两条对角线垂直且相等的四边形，通过依次连接其邻边的中点而形成的四边形必定是正方形。

奇特的四边形——四边形的中心

在我们开始寻找四边形的中心之前，我们应该记得三角形的重心又称为质心，是由三角形的三条中线（即顶点与对边中点的连线）的交点所确定的，三角形可以在这个点上精确地达到平衡。你可能希望尝试找到一个三角形纸板的质心，然后使它在一支铅笔的笔尖上保持平衡。

四边形实际上有两个中心，其中之一是质心，它是一个使密度均匀的四边形保持平衡的点，这是一个类似于三角形的质心的点。如果你有一个四边形纸板，想让它在铅笔的笔尖上保持平衡，你就需要找到它的质心。这一点可以通过以下方法找到。在图 2.21 中，设点 K 和 L 分别是 $\triangle ABC$ 和 $\triangle ACD$ 的质心，点 M 和 N 分别是 $\triangle ABD$ 和 $\triangle BCD$ 的质心，那么 KL 与 MN 的交点 G 即为四边形 $ABCD$ 的质心。

四边形还有一个中心，你可以让一个四边形在该点上保持平衡，似乎它只有四个顶点，而不包含任何区域。这看起来像四根棍子在同一个平面上，其顶点有不同的权重。我们称这个中心为四边形的中心点，它是连接四边形对边中点的两条线段的交点。在图 2.22 中，点 H 是四边形 $ABCD$ 的中心点。

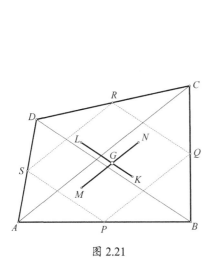

图 2.21

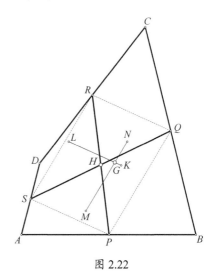

图 2.22

如果检查一个四边形的两组对边的中点的连线（其交点就是该四边形的中心点），我们就会发现它们彼此平分，也就是说它们有一个公共中点。这很容易证明，因为这两条线段实际上是通过依次连接四边形邻边的中点而形成的平行四边形的对角线，而我们知道这两条对角线互相平分。在图 2.23 中，点 P、Q、R 和 S 是四边形 $ABCD$ 各边的中点，中心点 H 由 PR 和 QS 的交点确定。

当我们面对这些令人惊讶的关系时，这个中心点还有一个让人意想不到的奇怪属性。如果我们考虑原始四边形的对角线 AC 和 DB 的中点 U 和 V，并绘制线段 UV，我们就会发现点 H 平分线段 UV。这也是很容易证明的。

在图 2.23 中，点 U 为 AC 的中点，点 V 为 BD 的中点，点 Q 和 S 是四边形 $ABCD$ 的两条对边的中点。在 $\triangle ABC$ 中，QU 是一条中位线，因此，$QU /\!/ AB$ 和 $QU = \dfrac{1}{2}AB$。同样，在 $\triangle ABD$ 中，SV 是一条中位线，因此，$SV /\!/ AB$，$SV = \dfrac{1}{2}AB$。因此，$QU /\!/ SV$，$QU = SV$。同样，我们有 $QV /\!/ SU$，$QV = SU$。由此可知，四边形 $SVQU$ 是平行四边形。平行四边形的两条对角线互相平分，UV 和 QS 有一个公共中点 H，后者就是我们在前面已经介绍的四边形的中心点。

我们可以进一步展示一个关于我们刚才考虑的线段长度的更奇怪的关系：任意四边形的两条对角线的长度的平方和等于该四边形两组对边中点连线的长度的平方和的两倍。在图 2.24 中，我们有：

$$AC^2 + BD^2 = 2(PR^2 + QS^2)$$

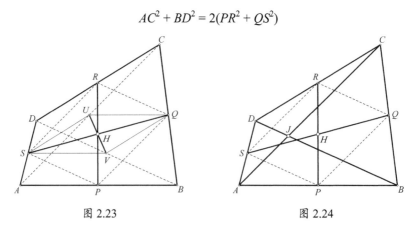

图 2.23　　　　　　　　　　　图 2.24

这是原四边形的对角线与依次连接原四边形邻边中点所得到的平行四边形的对角线之间的一个相当少有的关系。

为了证明这种关系，我们首先必须考虑平行四边形的边和对角线之间的一种相对未知的关系，即平行四边形的四条边长度的平方和等于两条对角线长度的平方和。这将让我们想起了勾股定理。

通过这种关系，我们很容易证明上述两个四边形的对角线之间的关系。我们早些时候就确定了 $PQ = \frac{1}{2}AC$，且 $RS = \frac{1}{2}AC$。我们由此得到：

$$PQ^2 = \frac{1}{4}AC^2, \quad RS^2 = \frac{1}{4}AC^2 \tag{3}$$

类似地，$QR = \frac{1}{2}BD$，$PS = \frac{1}{2}BD$。我们由此得到：

$$QR^2 = \frac{1}{4}BD^2, \quad PS^2 = \frac{1}{4}BD^2 \tag{4}$$

现在将上面提到的关于平行四边形的边和对角线的那种关系应用于平行四边形 $PQRS$，我们可以断言：

$$PQ^2 + QR^2 + RS^2 + PS^2 = PR^2 + QS^2 \tag{5}$$

将式（3）和式（4）代入式（5）中，我们得到：

$$\frac{1}{4}AC^2 + \frac{1}{4}BD^2 + \frac{1}{4}AC^2 + \frac{1}{4}BD^2 = PR^2 + QS^2$$

$$\frac{1}{2}AC^2 + \frac{1}{2}BD^2 = PR^2 + QS^2$$

$$AC^2 + BD^2 = 2（PR^2 + QS^2）$$

这正是我们试图证明的。

现在让我们先把注意力集中在一般的平行四边形上，把正方形放在这个平行四边形的各条边上。我们展示一个随机选择的平行四边形 $ABCD$，它的四条边上都画了一个正方形，如图 2.25 所示。我们可以通过每个正方形对角线的交点来定位它的中心，然后连接这四个中心点。令人惊讶的是，我们得到了另一个正方形 $PQRS$。

这个定理称为亚格洛姆–巴洛蒂定理（1955），有时也称为泰博定理（1937）。

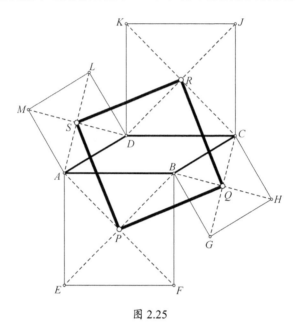

图 2.25

当在平行四边形的每边上构造正方形时，我们把正方形画在平行四边形的外面，也可以在平行四边形的内部构造这些正方形（也就是说，它们与平行四边形重叠）。结果是相同的——它们的中心将决定另一个正方形。

此外，这个正方形的两条对角线的交点与原平行四边形的两条对角线的交点重合（见图 2.26）。为了充分欣赏这种意想不到的关系，你需要记住这适用于任何平行四边形。

我们考虑在平行四边形的外部构造正方形的情况。$\triangle APS$、$\triangle BPQ$、$\triangle CQR$ 和 $\triangle DRS$ 全等（边角边），这使得四边形 $PQRS$ 是菱形。此外，$\angle APS = \angle BPQ$，这意味着 $\angle QPS = \angle APB = 90°$。如果正方形被画在平行四边形的每一条边的另一侧，也就是它与平行四边形本身重叠，那么上述证明仍然成立。

我们再次在随机绘制的四边形的两侧绘制正方形，如图 2.27 所示。你会注意到，连接相对的两个正方形的中心的线段相等，并且互相垂直。这是 1865 年由法国工程师爱德华·科力尼翁（1831—1913）首次发表的，但今天通常被冠以亨利·冯·奥伯尔（1830—1906）的名字，叫作冯·奥伯尔定理（1878）。该定理的另一种说法是，上述四个正方形的中心点是两条对角线相互垂直且相等的四边形的顶点。

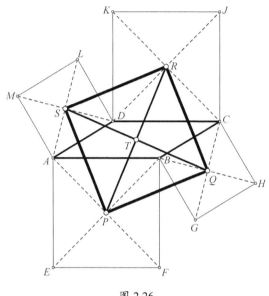

图 2.26

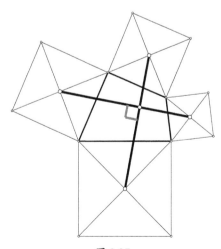

图 2.27

把绘制在其他各种四边形（如矩形、正方形、梯形和筝形）外侧的正方形的中心连接起来，看看我们会得到什么样的四边形。

一种被忽视的特殊四边形

从中学几何的学习中，我们熟悉了常见的四边形，如正方形、长方形、菱形、平行四边形和梯形。学习初等几何的学生很少注意四个顶点位于同一圆上的四边形。这种四边形常称为圆内接四边形，具有许多有趣的性质。众所周知，每个三角形的三个顶点总是位于一个圆上。然而，对于四边形来说，情况并非总是如此，只有圆内接四边形才具有这种属性。圆内接四边形的对角总是互补，即它们的度数之和是 180°。

一个圆内接四边形有时会出乎意料地出现。例如，如果任意构造一个四边形的角平分线，这些角平分线就会相交形成一个圆内接四边形。我们在图 2.28 中展示了这一点，其中一般四边形 ABCD 的四条角平分线相交形成四边形 EFGH，结果这是一个圆内接四边形。

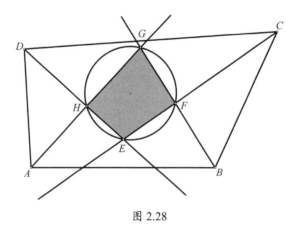

图 2.28

为了证明四边形 EFGH 是圆内接四边形，我们回忆一下，对于任意四边形（在这种情况下是四边形 ABCD），其四个角的度数之和为：$\angle BAD + \angle ABC + \angle BCD +$

$\angle CDA = 360°$。因此，$\dfrac{1}{2}\angle BAD + \dfrac{1}{2}\angle ABC + \dfrac{1}{2}\angle BCD + \dfrac{1}{2}\angle CDA = \dfrac{1}{2} \times 360° = 180°$。

替换一些项，得到 $\angle BAG + \angle ABG + \angle DCE + \angle CDE = 180°$。让我们把重点放在 $\triangle ABG$ 和 $\triangle CDE$ 上，它们的各个角的度数之和为：$\angle BAG + \angle ABG + \angle AGB + (\angle DCE + \angle CDE + \angle CED) = 2 \times 180°$。

上述两式相减，可得 $\angle AGB + \angle CED = 180°$。

由于四边形 $EFGH$ 的一对对角互补，另一对对角也必然互补，因此，四边形 $EFGH$ 是圆内接四边形。

也许关于圆内接四边形的最著名的定理之一归功于亚历山大的托勒密（约 100—180）。他在其主要天文著作《天文学大成》（*Almagest*，约 150 年）中陈述了圆内接四边形的下述性质：圆内接四边形的两条对角线的长度的乘积等于两组对边长度的乘积之和。这通常称为托勒密定理。

我们可以将托勒密定理应用于图 2.29 中的四边形 $ABCD$，得到 $AB \cdot CD + AD \cdot BC = AC \cdot BD$。

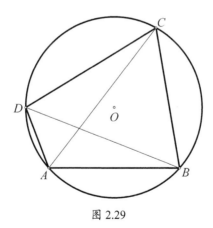

图 2.29

托勒密定理允许我们在圆内接四边形的边和对角线之间建立许多有趣的关系。我们可以根据圆内接四边形的边长的比值计算出对角线的比值，在图 2.29 中有 $\dfrac{AC}{BD} = \dfrac{AB \cdot AC + BC \cdot CD}{AB \cdot BC + AD \cdot CD}$。它的确看起来有点麻烦。如果没有托勒密定理，我们就很难建立这种关系。

我们知道矩形是圆内接四边形。如果将托勒密定理应用于矩形，那么你能猜出可以得到哪个著名的定理吗？勾股定理。你可以在图 2.30 中看到这个结果。矩形 *ABCD* 的长为 *a*，宽为 *b*，对角线的长度为 *c*。根据托勒密定理，我们得到 $AB \cdot CD + AD \cdot BC = AC \cdot BD$，即 $a \cdot a + b \cdot b = c \cdot c$，也可以写成 $a^2 + b^2 = c^2$。

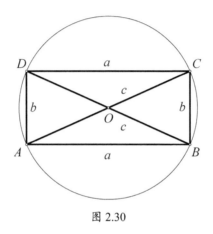

图 2.30

由此，我们很容易识别出这就是关于△*ABC* 的勾股定理。

化方为方——正方形的划分

我们现在面临的挑战是确定一个正方形是否可以被划分成许多不同的正方形，其边长都是整数，并且这些小正方形完全覆盖大正方形。

数学中有几个问题长期以来一直在挑战数学家，其中一个问题就是（通过直尺和圆规）化圆为方。经过许多数学家大约两千年的努力，1882 年德国数学家费迪南德·冯·林德曼（1852—1939）证明这个问题的答案是否定的。相比之下，化方为方问题（将正方形划分成有限数量的具有整数边长的小正方形）最早出现在上个世纪。1998 年，为了纪念国际数学家大会的召开，德国政府发行了一枚邮票（见图 2.31），展示了三个具体的数学概念，显示了包括小数点后几位数字的 π 值。邮票中使用的颜色是为了纪念凯尼斯·阿佩尔（1932—2013）和沃尔夫冈·哈肯（1928—）在 1976 年给出了著名的四色问题的解决方案。他们在计算机的帮助下证明了任何地图都可以用不超过四种颜色着色，使得没有两个具有共同边界的领土用相同的颜色着色。然而，这枚邮票的主题占据 35 毫米×35 毫米的区域，显示 11 个较小的正方形覆盖了一个较大的正方形区域（见图 2.31 和图 2.32）。

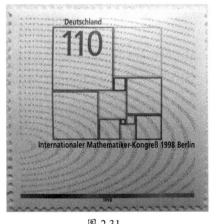

图 2.31

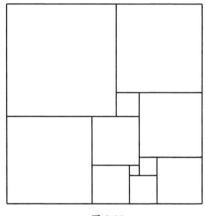

图 2.32

　　不幸的是，表面现象可能具有欺骗性。包含 11 个较小的正方形的较大的四边形实际上并不是正方形，而是矩形。邮票上矩形的大小为 177×176，而最小的正方形的大小是 9×9。这种类似于贴瓷砖的问题最初是由英国数学家阿瑟·哈罗德·斯通（1916—2000）发现的，当时他想证明一个完美的正方形分割是不可能的（见图 2.33）。

　　我们注意到这个长方形很接近正方形，我们可以称之为"近似正方形"，其长度和宽度仅相差一个单位。

　　我们可能会问一个问题，是否有这样的一个"近似正方形"，它可以被划分成 11 个以下的小正方形？答案是肯定的。我们可以分析一个大小为 33×32 的矩形，它是一个"近似正方形"，并且可以划分为 9 个较小的正方形。这些较小的正方形的边长如下：1，4，7，8，9，10，14，15，18（见图 2.34）。这个"近似正方形"

的分割最初是在 1925 年由波兰数学家兹比格涅夫·莫隆（1904—1971）完成的。

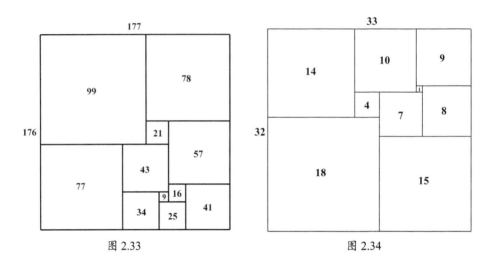

图 2.33　　　　　　　　　　　图 2.34

1940 年，H. 赖卡特和 H. 托普肯证明了将矩形分割成正方形时至少可以得到 9 个较小的正方形。事实上，只有两个矩形允许被分割成 9 个大小不同的正方形，有 6 个矩形可以用 10 个大小不同的正方形以这种方式进行分割。莫隆发现大小为 65×47 的矩形可以分割为 10 个较小的大小不同的正方形。表 2.2 总结了可以划分为 n 个较小的大小不同的正方形的矩形的数量（a）。

表 2.2

n	9	10	11	12	13	14	15	16	17	18
a	2	6	22	67	213	744	1609	9016	31426	110381

正方形的完美划分问题的解决（将一个正方形分割成更小的不同尺寸的正方形），受到了亨利·欧内斯特·杜德尼（1857—1930）于 1907 年出版的《坎特伯雷谜题》（*The Camterbury Puzzles*）一书的启发。该书为解决其中一个问题所做的这种尝试略有遗漏，从而妨碍了作者正确地解决该问题。

化方为方基本上有三种不同的要求，我们可以看到第一种要求是所有较小的正方形的大小都是不同的，如图 2.35 所示。

第二种化方为方的方法不要求所有较小的正方形的大小都是不同的。在图 2.36

中，边长为 1，2，3，5，11 的正方形都出现了两次。

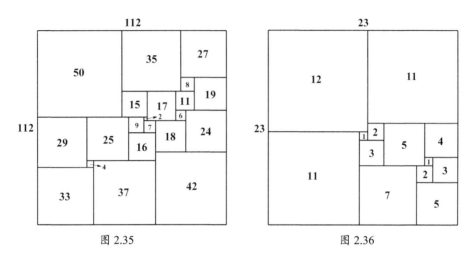

图 2.35　　　　　　　　　　　　　　图 2.36

　　第三种化方为方的方法允许产生一个矩形，而该矩形本身也被精确地划分为较小的正方形。在图 2.37 中，正方形的边长为 1，2，3，4，5，8，9，14，16，18，20，29，30，31，33，35，38，39，43，51，55，56，64，81，而由大小为 111 × 94 的矩形分割出来的正方形的边长为 1，3，4，5，9，14，16，18，20，38，39，55，56。

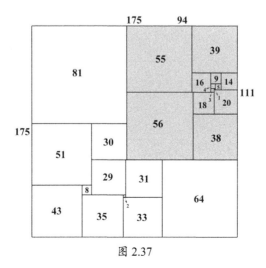

图 2.37

1964 年，J. C. 威尔逊发现了一种完美正方形划分方法，即使用 25 个不同大小的小正方形来覆盖大小为 503 × 503 的正方形区域。最小的完美正方形划分是由荷兰数学家阿德里亚努斯·约翰内斯·威廉姆斯·杜伊夫斯蒂（1927—1998）完成的，她在计算机的帮助下发现了一个边长为 112 的正方形可以划分成 21 个不同大小的小正方形，这些小正方形的边长分别为 2，4，6，7，8，9，11，15，16，17，18，19，24，25，27，29，33，35，37，42，50。由面积计算可以看出这一点：$2^2 + 4^2 + 6^2 + 7^2 + 8^2 + 9^2 + 11^2 + 15^2 + 16^2 + 17^2 + 18^2 + 19^2 + 24^2 + 25^2 + 27^2 + 29^2 + 33^2 + 35^2 + 37^2 + 42^2 + 50^2 = 12544 = 112^2$。

1989/1990 年，C. 穆勒和 J. D. 斯金纳证明了对于所有大于 20 的自然数，完美的化方为方问题是有解的。表 2.3 总结了可以划分成 n 个不同大小的小正方形的大正方形的个数（a）。

表 2.3

n	21	22	23	24	25	26	27	28	29
a	1	8	12	26	160	441	1152	3001	7901

现在的数学家仍然对化方为方问题着迷，无论是否允许分割出的小正方形的大小相同。

三角形的奇怪位置

在几何学的研究中，我们最关心的是两个三角形全等（具有相同的形状和相同的面积）。然而，两个三角形也可以通过它们在平面上的位置发生联系。例如，考虑两个三角形 ABC 和 A'B'C'（可能形状不同），如果其对应的边（延长后）相交于三个共线点（即位于同一直线上的点）X、Y 和 Z，其中 AC 和 A'C' 相交于点 X，BC 和 B'C' 相交于点 Y，AB 和 A'B' 相交于点 Z，那么连接相应顶点的直线 AA'、BB' 和 CC' 一定相交于同一个点 P，如图 2.38 所示。两个三角形的这种著名的关系最初是由法国数学家和工程师吉拉德·笛沙格（1591—1661）发现的，当今以他的名字命名。顺便说一句，这种关系反过来也是正确的。也就是说，如果把两个三角形放在这样的位置上，连接它们的对应顶点的直线相交于同一点（在图 2.38 中，点 P 是交点），那么它们的对应边的延长线的交点（点 X、Y 和 Z）必然共线。

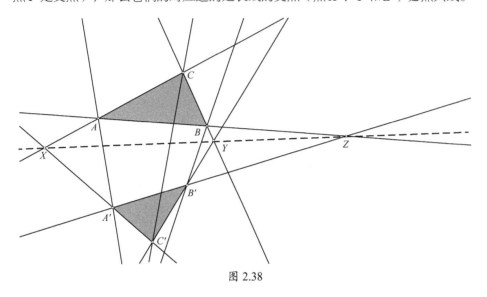

图 2.38

开普勒猜想

令人惊讶的是，经过 400 多年的时间，1998 年著名的开普勒猜想得到了证明。开普勒猜想到底是什么？在回答这个问题之前，让我们考虑一下杂货商在将他的橙子堆垛到最小的空间内时所面临的问题。在理想情况下，最佳堆垛方式需要从底部开始，然后每行都错开半个橙子。

可以肯定的是，杂货商并不知道这一点。直到 1998 年，这种试图最小化摆放空间的堆垛方式才被首次证明是理想的。这就是开普勒猜想，即这种堆垛方式所用的空间最小。

沃尔特·雷利爵士（约 1554—1618）问他的助手、数学家托马斯·哈里奥特（1560—1621），一辆货车最多可以堆垛多少枚炮弹？1606 年，这个问题被带到著名的数学家和天文学家约翰·开普勒（1571—1630）那里。1611 年，开普勒推测，当每一个球都能恰好接触其他球时，才能达到最佳堆垛效果。

德国数学家卡尔·弗里德里希·高斯发现，杂货商的堆垛方式是最有效的，因为它填充了 74.05% 的可用空间（ $\frac{\pi}{\sqrt{18}} = 0.7404804896\cdots$ ）。

一些不规则的堆垛方式可以节省更多空间的可能性也是存在的。1900 年，德国数学家戴维·希尔伯特（1862—1943）挑战数学界，提出了理想的填装排列问题，作为他提出的 23 个尚未解决的重要数学问题之一。

平面上的类比问题比较简单，这时最佳的填充方式是六边形填充，可以覆盖 90% 以上的面积（见图 2.39）。更准确地说，填充密度为 $\frac{\pi}{\sqrt{12}} = 0.9068996821\cdots$ 。

只有考虑覆盖一个无限平面时，以上讨论才是正确的。在有限平面上，n 等于 1，4，9，16，25 个圆的正方形填充方式是最优的，如图 2.40 所示。

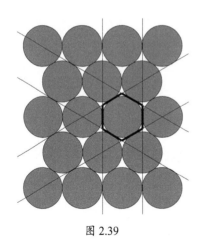

图 2.39

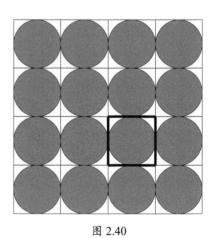

图 2.40

1998 年，美国数学家托马斯·黑尔斯（1958—）证明了在三维空间中，球状物体最紧凑的排列方式是立方体填充和前面提到的六边形填充。在这两种情况下，填充后的平均密度都为 $\frac{\pi}{\sqrt{18}}$ 。

黑尔斯提供了他关于这一问题的计算机分析结果，这本应消除数学家在球体填充这一问题上长期存在的分歧。早在 1990 年，项武义（1937—）就给出了开普勒猜想的证明，该证明直到 1993 年发表在《国际数学杂志》（*International Journal of Mathematics*）上都一直在进行修改。虽然一些数学家仍然在批评该证明，但是项武义并没有收回它。关于哈勒斯证明的正确性，人们没有进一步讨论。

　　二维情况相当简单，我们发现三维模拟是相当困难的。开普勒猜想是数学史上历经时间最长的未解决的问题之一。我们现在似乎对此感到满意。

　　几何提供了几乎无穷无尽的奇闻逸事，但由于本章的局限性，我们仅仅介绍了那些更加"鲜为人知"的内容。一些更受欢迎的奇趣与显示几何悖论的证明有关，例如"证明"所有三角形都是等腰的。我们向读者推荐《精彩的数学错误》一书，这本书中有很多这样的示例。

第3章 ▶▶▶

神奇问题的神奇解答

在这一章中，我们将介绍各种各样的数学问题，其中许多问题有点"偏离正轨"。它们不仅非常有趣，而且配有相当神奇的解答。除了娱乐，有时由于一些问题的性质，我们还会为读者提供一些绝妙的、惊人简单的、往往被人忽视的解决方案。这些问题应该可以启发读者去寻找解决问题（无论简单或复杂）的可能的替代方法。为了使本书的这一部分更有趣，我们决定将问题与它们的解答分开，因为在看到问题时想知道其解答的诱惑是如此巨大，以至于破坏了独立思考的乐趣。在体育领域，人们常说"没有痛苦，没有收获"，这句话在数学问题的解决过程中也可能成立。美存在于非常机智和简单的解决方案之中。我们首先对解决问题的传统方法给予一些关注，然后凭借某些技巧给出一个极其简单而又往往被人们忽略的解决方案。这些神奇的解答在很大程度上给予我们启发，并让我们看到这些精心选择的问题极具娱乐性。

在开始介绍主要的问题之前，我们想提醒你在处理日常生活中碰到的一些数学问题时可能会遇到陷阱。例如，在计划安装空调系统时，要求制冷管道通过一个非常狭窄的通道，该通道需要在一个角落里拐一个直角。承包商建议，为了在狭窄的空间里拐弯，他将把管道的尺寸由 8 英寸[1] × 8 英寸改为 4 英寸 × 12 英寸，以保证

---

[1] 1 英寸≈2.54 厘米。——译者注

所用材料的数量相同。这是一种正确的解决方法吗？显然，答案是否定的！当承包商被告知这种解决办法不可接受时，他感到困惑。他没有意识到原来管道的横截面积为 64 平方英寸，而改装后管道的横截面积仅为 48 平方英寸，这将对空气的供应产生很大的影响。

有些问题看起来很简单，可以用传统的方法来解决，但当我们考虑一种非传统的解决方案时，一定会为与我们擦肩而过的解决方案竟是如此简单而感到无比惊讶。这样的问题体现了数学的神奇，也增加了数学的美妙！本着这种精神，我们提出了我们的第一个问题。

问　　题

问题 1

我们从一个看似违反直觉的问题开始。

浴缸上的一个直径为 2 英寸的排水孔的排水速度是否会像两个直径为 1 英寸的排水孔一样快？

问题 2

日历总是带来有趣的挑战，也许是因为它的特殊结构。

下列日期——4 月 4 日、6 月 6 日、8 月 8 日、10 月 10 日和 12 月 12 日，落在一周的同一天的概率是多少。

问题 3

通过这个问题，我们测试一下读者的注意力和逻辑思维能力。

假如从现在起 2 小时后时钟所指示的时刻与中午的时间间隔是从现在起 1 小时后时钟所指示的时刻与中午的时间间隔的一半，请问现在是什么时候?

另一个与时间有关的问题是：假设这一天内所剩下的时间是已经过去的时间的两倍，请问现在是什么时候? （这里我们所说的一天是指从午夜开始的 24 小时。）

问题 4

已经了解了前面的问题，你可能会发现如下问题更具挑战性。

如果前天是周一之后的两天，那么后天是周几?

如果你已经解决了上面的那个问题，那么现在就可以试试解决这个问题：已知前天到周三的天数是昨天到明天的两倍，请问今天是周几?

问题 5

池塘里的睡莲数量每天增加 1 倍。过了 100 天，池塘里全是睡莲。请问经过多少天以后睡莲将池塘覆盖一半?

继续我们的旅程。通过一些简单的算术问题，你可以欣赏解决方案，因为它相当出乎意料，并且相当简单。

问题 6

给定以下四个数：

$$7895$$

$$13127$$

$$51873$$

$$7356$$

问它们总和的百分之几等于它们的平均数?

问题 7

问 76 的 25% 和 25 的 76% 哪一个更大?

问题 8

我们有浆果和水的混合物 100 千克, 其中 99% 的质量是水。一段时间后, 混合物的含水量为 98%。问最终的混合物中含有多少水?

问题 9

哪个数是可以同时被十进制数字系统中的九个非零数字整除的最小数字?

问题 10

这个问题需要读者注重大局, 而不要被细节分散注意力。图 3.1 中有一个正方形和一个等腰直角三角形, 直角顶点位于正方形的中心。已知 $CE = 2$, $CF = 6$, $AB = 8$, 问阴影部分的面积占正方形面积的比例是多少?

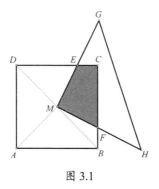

图 3.1

问题 11

图 3.2 所示的图形可以划分为四个全等的图形，如图 3.3 所示。证明：可以将这个图形划分为五个全等的图形。

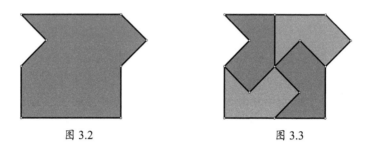

图 3.2   图 3.3

问题 12

这道题考验你的逻辑思维能力！

一副标准的扑克牌去掉大、小王后被随机分成两堆，每堆 26 张。其中一堆中红色牌的数量与另一堆中黑色牌的数量相比如何？

问题 13

我们在这里提出一个问题，只需用一些简单的初等代数知识就可以迅速得到正确的答案。我们也会提供一种巧妙的解决方案来替代传统的方法。

已知 $\dfrac{1}{x+5}=4$，问 $\dfrac{1}{x+6}$ 的值是多少？

问题 14

这是一个困扰许多数学爱好者的问题。玛丽亚 24 岁了，她现在的年龄是当她像安娜现在那样大的时候安娜的年龄的两倍，请问安娜现在多大了？

问题 15

现在提出一个更具挑战性的年龄问题，以展示数学思维方式的奇特性。当麦克斯的年龄是其现在的两倍时，麦克斯和杰克的年龄之和将是 48 岁。那时，麦克斯的年龄将比杰克的如下年龄大 10 岁：麦克斯的年龄等于杰克 15 年后的年龄的三分之一，杰克的年龄等于麦克斯的该年龄的两倍。问麦克斯和杰克目前的年龄分别是多少？

问题 16

这个问题可能会提醒读者注意那种可以在大多数代数教科书中找到的语言问题。然而，这里有一个欺骗性的观点，是在那些典型的匀速运动问题中找不到的。

有两列火车，一列从芝加哥开往纽约，另一列从纽约开往芝加哥，假设两地相距 800 英里。一列火车以 60 英里/小时的速度匀速行驶，另一列以 40 英里/小时的速度匀速行驶。它们同时沿着同一条轨道相向而行。与此同时，一只蜜蜂开始以 80 英里/小时的速度从其中一列火车的前部飞向迎面而来的火车。在碰到第二列火车的前部后，蜜蜂倒转方向，朝第一列火车飞去（仍然以 80 英里/小时的速度飞行）。蜜蜂继续来回飞行，直到两列火车相撞，压死了蜜蜂。请问蜜蜂飞了多少英里？

我们下面考虑的一些问题涉及用天平称重，解决这些问题需要一些逻辑思维和巧妙的方法。在每一种情况下，方法的巧妙都会给人留下深刻的印象。

问题 17

一个袋子里面装有九枚硬币，它们的外观都是相同的，其中一枚硬币比其他八枚轻。如果只允许在天平上称重两次，那么我们该如何确定这九枚硬币中的哪一枚较轻呢？

问题 18

称重问题似乎改变了某种逻辑思维过程。本着这种精神,我们在这里提供另一个例子。

在一个装有四枚硬币的袋子里,所有的硬币看起来都一样,但是其中两枚重量相等的硬币比另外两枚硬币重,较轻的两枚硬币的重量也相等。如果在天平上只称重两次,那么我们该如何确定哪两枚硬币更重呢?

问题 19

我们想使用天平称质量从 1 磅[1]到 13 磅的物体——不包含分数质量。如何只用三个不同的砝码做到这一点?这三个砝码的质量分别是多少?

这个关于称重的问题的解决需要采取不同的策略。

问题 20

十位宫廷珠宝商都给了国王的顾问波格纳一堆金币,每堆包括十枚,真正的金币重 1 盎司[2]。只有一堆硬币较轻,其中每一枚都有 0.1 盎司黄金被从金币的端缘剔掉。波格纳先生想找出那个不诚实的珠宝商和那一堆较轻的金币。当只用天平称量一次时,他如何做到这一点?

问题 21

既然已经练习了称重,那么就让我们思考如下这个更具挑战性的问题。

---

[1] 1 磅 ≈ 453.59 克。——译者注
[2] 称量黄金时,1 盎司 ≈ 31.1034768 克。——译者注

假设你有 12 枚硬币，它们看起来完全一样。然而，其中一枚硬币有缺陷，其质量与其他 11 枚硬币不同。我们怎样才能用天平通过三次称量来确定有缺陷的硬币？

问题 22

一些涉及无穷大的问题可能非常"令人沮丧"。正如我们在第 1 章中所看到的，无限会带来一些不寻常的思维方式。下面要考虑的几个问题将显示在考虑无穷大时不寻常的思维方式。

这里有一个相当奇怪的问题，在找到其正确的解决方法之前可能有点令人生畏。求满足以下方程的 x 的值。

$$x^{x^{x^{x^{x^{x^{\cdots}}}}}} = 2$$

问题 23

一种类似于在解决问题 22 时所使用的策略可以用来求解下面的方程。

$$x = \sqrt{2\sqrt{2\sqrt{2\sqrt{2\sqrt{2\sqrt{2\sqrt{2\sqrt{2\sqrt{2\sqrt{2}}}}}}}}}} \cdots$$

问题 24

一个小男孩在养鸡场工作一天后得到了一篮子鸡蛋。一个开着拖拉机的人不小心撞到了他的篮子，打碎了鸡蛋。司机主动提出赔偿小男孩的鸡蛋，并问他篮子里原来有多少个鸡蛋。这个小男孩不记得确切的数字，但他记得有人告诉他，如果他每次拿出两个鸡蛋，篮子里就会剩下一个鸡蛋。他还记得，如果他每次拿出三个、四个、五个……直到每次拿出十个鸡蛋，剩下的鸡蛋会比每次拿出的鸡蛋少一个。如果他每次拿出 11 个鸡蛋，篮子里就不会有剩下的鸡蛋了。这个小男孩的篮子里原先最少有多少个鸡蛋呢？

问题 25

有 28 个约数的最小的数是多少？

问题 26

找出十位数中最小的质数，其各位数字都是不同的。当然，第一个数字不能是零。

问题 27

当 n 是偶数时，如何证明 $z = 3^n + 63$ 能被 72 整除？

问题 28

在图 3.4 中，有九个车轮依次相切，它们的直径依次增加 1 厘米，其中最小的圆的直径为 1 厘米，最大的圆的直径为 9 厘米。当最小的圆转动 90° 时，带动最大的圆转动多少度？

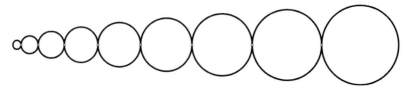

图 3.4

问题 29

已知两个数的和是 2，它们的积是 3，求这两个数的倒数之和。

这是一个十分有益的问题，可以提供给任何开始学习初等代数的学生。

问题 30

证明方程 $x^4 - 5x^3 - 4x^2 - 7x + 4 = 0$ 没有负根。

问题 31

在没有计算器的情况下化简以下两个算式。

（a）$\dfrac{729^{35} - 81^{52}}{27^{69}}$

（b）$\dfrac{6 \times 27^{12} + 2 \times 81^{9}}{8000000^{2}} \times \dfrac{80 \times 32^{3} \times 125^{4}}{9^{19} - 729^{6}}$

问题 32

这里有一个问题，一个令人惊讶的解决方案使问题本身变得微不足道！

在一场由 25 支球队参加的单淘汰篮球锦标赛中，为了赛出冠军，必须打多少场比赛？

问题 33

前面问题的巧妙解决方案应该使下面的问题不那么令人困惑了。

在一家网球俱乐部中，32 名球员参加了一次单淘汰赛，其中两名球员是瓦格纳先生和施特劳斯先生。这两名球员在这次比赛中相遇的机会是多大?

问题 34

为了让 16 盎司瓶子中的葡萄酒能够多喝几天, 戴维决定采取以下方法。第一天, 他只喝一盎司葡萄酒, 然后用水加满瓶子。第二天, 他喝两盎司水和葡萄酒的混合物, 然后再给瓶子中装满水。第三天, 他喝三盎司水和葡萄酒的混合物, 然后用水加满瓶子。他将在接下来的几天里继续重复这个过程, 直到他在第十六天喝了 16 盎司混合物, 把瓶子倒空为止。戴维总共要喝多少盎司水?

问题 35

拥有 100 名成员的侠盗勇士协会的一名成员被通知说, 该协会的会议地点必须改变。这名成员通过打电话给另外三名成员来传达该通知, 接到电话的每个成员再打电话通知另外三名成员, 以此类推, 直到 100 名成员都被告知会议地点的变化。不需要打电话去传达通知的成员最多有多少名?

问题 36

有一些问题可以用一种令人非常好奇和意想不到的方式来解决, 以下就是其中之一。这看起来似乎是一个无关紧要的问题, 但是如果不采用某种巧妙的方法, 就可能是相当具有挑战性的。

我们有两个 1 升的瓶子, 一个装有 0.5 升红葡萄酒, 另一个装有 0.5 升白葡萄酒。我们取一勺红葡萄酒倒入白葡萄酒瓶中, 再取一勺这种混合物 (白葡萄酒和红葡萄酒) 倒入红葡萄酒瓶中。问白葡萄酒瓶中的红葡萄酒多还是红葡萄酒瓶中的白葡萄酒多?

问题 37

这里有彼此相切的五个圆，其位置关系如图 3.5 所示。请你找到一条通过最左边的圆的圆心的直线，使它将这五个圆的面积平分。

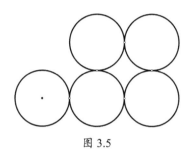

图 3.5

问题 38

图 3.6 给出了边长为 1 的三个全等的正方形，求 $\alpha + \beta + \gamma$。

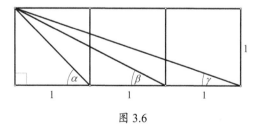

图 3.6

问题 39

图 3.7 中有一个半圆，点 P 位于其直径上的任意位置。点 A 和 B 位于圆周上，它们分别与直径形成 $60°$ 的角。请证明 AB 的长度等于半圆的半径。

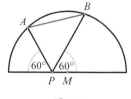

图 3.7

问题 40

如果 360 的因数之和是 1170，那么这些因数的倒数之和是多少？

这个问题似乎难以解决。我们尝试解决它，然后欣赏一种意想不到的解决方案。

问题 41

这里，我们将面临另一项看似无法完成的任务，但看到我们给出的答案时，你会感到这个问题其实很简单！求出下列数的个位数：

（a）8^{19}；

（b）7^{197}。

（当然，我们必须在没有计算器和计算机辅助的情况下完成这项工作。）

问题 42

我们再次面临一个要求处理超大数的问题。

请求出下列和的个位数：$13^{25} + 4^{81} + 5^{411}$。

问题 43

这是另一个问题，将引导我们找到一个聪明的解决方案。

问 1 除以 50 亿的商是多少？

这个问题可以描述为：求 $\dfrac{1}{5000000000}$ 的值。

问题 44

$1^3 + 2^3 + 4^3 + 5^3 + 6^3 + 7^3 + 8^3 + 9^3 + 10^3$ 等于多少?

问题 45

数学中有一些娱乐活动（当然是温和的）能以一种非常令人愉快和满意的方式舒展人们的心灵。这里有一个这样的问题。

你从地球上的某一点出发,首先向南行走 1 英里,接着向西行走 1 英里,然后再向北行走 1 英里,结果你回到了起点。请问这一点在地球上的什么位置?

问题 46

有时给飞行员指定飞行方向可能是在误导他。假设一艘航空母舰停泊在几内亚湾,处于本初子午线和赤道相交的地方。一架飞机正朝东北方向起飞,并持续在这条航线上飞行。这架飞机最终会飞到哪里?

问题 47

图 3.8 中有两个等边三角形,其中一个内接于一个圆,另一个外切于同一个圆。求这两个等边三角形的面积之比和边长之比。

图 3.8

问题 48

一个宽和长之比为$1:\sqrt{5}$的矩形内接于一个半径为 6 个单位长度的圆中，通过连接矩形各边的中点，在矩形中形成一个菱形，如图 3.9 所示。这个菱形的边长是多少？

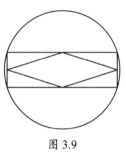

图 3.9

问题 49

一个圆内切于一个正方形，另一个正方形内接于这个圆，如图 3.10 所示。求这两个正方形的面积之比。

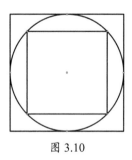

图 3.10

问题 50

下面这个问题隐藏得很好，当看到它的简单性时，我们往往因为没有立即发现这一点而感到恼怒。在图 3.11 中，以点 *A* 为圆心绘制四分之一圆，即圆弧 *FCE* 。在该圆弧上随机选择一个点 *C* ，并作它到 *AF* 和 *AE* 的垂线。如果线段 *AE* 的长度是 10，那么线段 *BD* 的长度是多少？

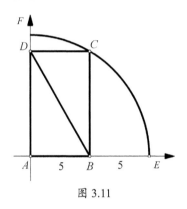

图 3.11

问题 51

数学中有一些问题会影响我们的逻辑思维。也就是说，有一些问题会扰乱我们的习惯思维方式。我们在这里提出一个这样的问题。如图 3.12 所示，给定九个点，在中途不抬起笔的情况下，用四条线段连接这九个点。

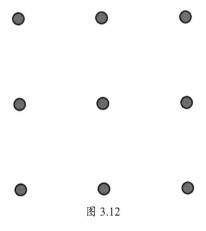

图 3.12

问题 52

有时改变思维模式可能是相当有用的，下面的问题再次要求你具备开放的思维——逻辑推理。

在图 3.13 中，每一（外部）行和每一（外部）列都有 11 根棒。如何从每一（外部）行中移除一根棒，再从每一（外部）列中移除一根棒，使得在每一（外部）行和每一（外部）列中仍然有 11 根棒？

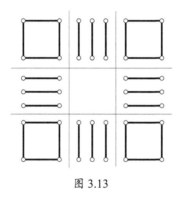

图 3.13

问题 53

假设六个玻璃杯排成一排，其中三个是空的，另外三个装满了水，如图 3.14 所示。假设只允许拿起一个杯子，你怎么改变杯子的排列顺序，使得没有两个空杯子相邻，也没有两个盛满水的杯子相邻？

图 3.14

问题 54

给山姆四条链子，每条链子都由三个环组成（见图 3.15）。如何通过打开和闭合最多三个环而形成一个圆形的链子？

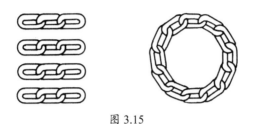

图 3.15

问题 55

有时，一些问题看起来很简单，但我们似乎找不到解决办法。下面就有这样的一个问题。

在图 3.16 中，两个平行四边形共享一个公共顶点，而且每个平行四边形都有一个顶点位于另一个平行四边形的边上。也就是说，点 G 在边 CD 上，点 B 在边 EF 上，点 A 是两个平行四边形的公共顶点。请确定平行四边形 $ABCD$ 和平行四边形 $AEFG$ 的面积之比。

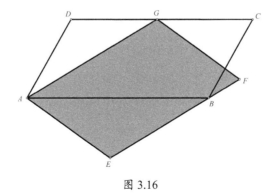

图 3.16

问题 56

如图 3.17 所示，10 个点排列成等边三角形。证明：可以通过只移动三个点而使三角形的方向倒过来。解答本题的关键是寻找所给图形的对称部分。

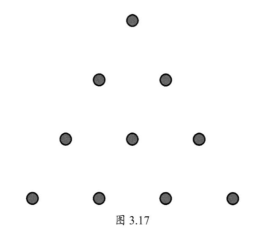

图 3.17

问题 57

一只猴子试图从一口 100 英尺[1]深的井里爬出来。它爬出井的努力让它每天向上爬升 1 英尺，具体如下：每天上午爬 3 英尺，下午倒退 2 英尺。这只猴子需要多少天才能爬出井？

问题 58

我们现在有一个令人困惑的问题，然而通过系统的分析，很容易找到解决办法。

如果平均而言，一只半母鸡能在一天半内产一枚半蛋，那么六只母鸡在八天内能产多少枚蛋？

---

[1] 1 英尺=30.48 厘米。——译者注

问题 59

麦克斯发现他的汽车散热器需要 7 升水。他在一条小溪边停车，注意到他的汽车后备厢里只有一个容积为 11 升的罐子和一个容积为 5 升的罐子（见图 3.18）。他的问题是带着这两个罐子到溪边，如何准确地测量出 7 升水，然后将这些水带回来倒进他的汽车散热器中。

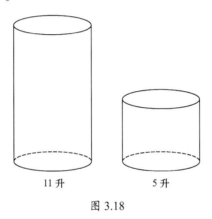

11 升　　　5 升

图 3.18

问题 60

物理学中有关于相对运动的内容。这里，我们提出一个简单的数学问题，可以使用这个概念来解决。

当西蒙往上游划船时，他把一个软木塞掉到了水中。继续划了 10 分钟后，他转过身来追赶软木塞。当软木塞向下游漂走 1 英里时，他追上并捡回了它。问水流的速度是多少？

问题 61

这里将提出一个真正的难题，使我们对概率的概念有更深入的理解。这是几何概率比较神奇的方面之一。请你准备好在这个数学领域中旅行。

现有两个同心圆（见图 3.19），其中小圆的半径是大圆半径的一半。问在大圆中随机选择的一个点落在小圆中的概率是多少？

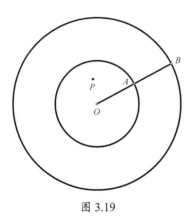

图 3.19

问题 62

在图 3.20 中，AB 是两个同心圆中大圆的一条弦，它在点 T 与小圆相切。假设 $AB = 8$，求颜色较浅的阴影部分（介于两个圆周之间的区域）的面积。

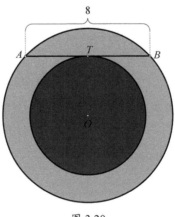

图 3.20

问题 63

在 $\triangle ABC$ 中，我们发现 $\cos\alpha \cdot \cos\beta \cdot \cos\gamma > 0$。什么样的三角形会有这种性质？它是一个直角三角形、锐角三角形还是一个钝角三角形？

问题 64

自然数按如下方式排列成一个三角形。

$$
\begin{array}{c}
1\\
2 \quad 3 \quad 4\\
5 \quad 6 \quad 7 \quad 8 \quad 9\\
10 \quad 11 \quad 12 \quad 13 \quad 14 \quad 15 \quad 16\\
17 \quad 18 \quad 19 \quad 20 \quad 21 \quad 22 \quad 23 \quad 24 \quad 25\\
26 \quad 27 \quad 28\cdots
\end{array}
$$

请找出 2000 所在的行，并指出该行的第一个数和最后一个数分别是什么。

问题 65

这里有一个问题，听起来很难，但应用初等代数可以让事情变得简单一些。

两个慢跑者在日出时分从他们各自的家乡同时起跑，沿着同一条路线向对方的家乡前进。他们以匀速前进，中午相遇后继续以同样的速度前进。第一位慢跑者在下午 4 点到达第二位慢跑者的家乡，第二位慢跑者在晚上 9 点到达第一位慢跑者的家乡。请问那天日出的时间是几点？

问题 66

我们常常忽视几何学，这里有一个问题很好地利用了几何学中的一些基本定理。

如图 3.21 所示，△ABC 的底边 AB 上有任意一点 P，并且点 M 和 N 分别是 BC 和 AC 的中点。问四边形 MCNP 的面积与 △ABC 的面积之比是多少？

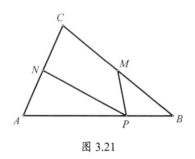

图 3.21

问题 67

立体几何也会带来一些意想不到的惊喜，如下面的问题所述。

有一个正方体，它的每个面上都画有对角线，如图 3.22 所示。当正方体的边长为 a 时，由这些对角线围成的正四面体的体积是多少？

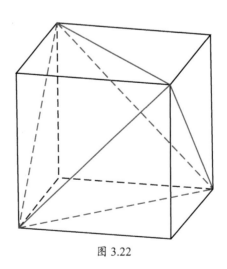

图 3.22

问题 68

有一个问题是大多数人（包括数学家）都很难接受的，该问题说下面描述的实体确实存在。

我们给出图 3.23 所示的三种形状，其中有一个边长为 1 的正方形、一个直径为 1 的圆，还有一个等腰三角形，其底和高都是 1。

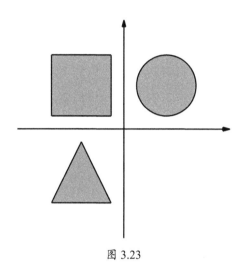

图 3.23

是否有一个立体图形，它在三个不同方向上的投影如图 3.23 所示？如果是这样的话，该如何构造该立体图形？

问题 69

我们现在开始讨论概率方面最违背直觉的问题。下面是一个很好的例子，说明我们不能总是相信自己的直觉，而数学才是我们最好的向导。

在一个大约有 30 个学生的班级里，两位同学的出生日期（仅指月和日）相同的概率是多大？

问题 70

这里有一个奇怪的问题，可以用传统的代数方法来解决，也可以用分析法来考察"更一般的情况"。那些伸手去拿计算器的人会破坏该问题的美妙之处。

$\sqrt[9]{9!}$ 和 $\sqrt[10]{10!}$ 哪个更大？

问题 71

如图 3.24 所示，一个正十二边形内接于一个单位圆。在圆周上任意选择一点 P，求点 P 到这个多边形的每个顶点的距离的平方和。

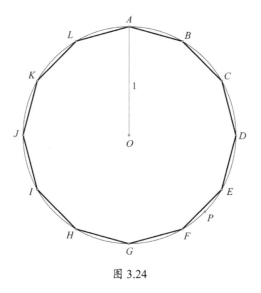

图 3.24

问题 72

当在一个正六边形中按照图 3.25 所示的方法画对角线时，一个新的六边形产生了（由于对称性，图中的阴影部分也是一个正六边形）。问小正六边形的面积是大正六边形面积的几分之几?

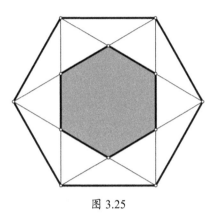

图 3.25

问题 73

在等腰三角形 *ABC* 中，底边 *AB* 与其上的高 *CD* 相等，如图 3.26 所示。此外，*BE* 垂直于 *AC* 。在这种情况下，发生了一件非常不寻常的事情，即△*CEB* 原来就是我们所熟悉的"三四五"直角三角形（即三边长度之比为 3∶4∶5 的直角三角形）。我们怎么证明这是真的呢?

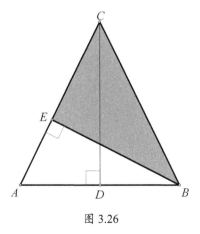

图 3.26

问题 74

有些问题看起来是可以解决的，但似乎需要我们做大量的工作。在这种情况下，我们通常需要采用分析法，看看是否有一种模式可以用来简化工作。我们在这里提出一个这样的问题。

求下列式子的代数和：$20^2 - 19^2 + 18^2 - 17^2 + 16^2 - 15^2 + \cdots + 4^2 - 3^2 + 2^2 - 1^2$。

问题 75

我们现在提出了一个需要用到逻辑思维而不是算术的问题！抽屉里有 8 只蓝色袜子、6 只绿色袜子和 12 只黑色袜子。假设不允许看，问从抽屉里最少取出多少只袜子时才能保证其中一定有两只黑色袜子？

问题 76

这里有另一个需要用到逻辑思维的例子！

黑暗的房间里有一个鞋柜，它的里面有 12 只鞋子，其中包括三双相同的棕色鞋子和三双相同的黑色鞋子，它们被完全随机地放置在鞋柜里。因为房间里面很暗，你看不清鞋子的颜色，你所能确定的是它们是右脚穿的鞋子还是左脚穿的鞋子。为了确保拿到一双黑色鞋子或者一双棕色鞋子，必须从鞋柜里拿出多少只鞋子？

根据类似的原理，我们可以考虑以下问题：是否有两个纽约人的头上有相同数量的头发？（显然，这里不包括那些光头的人。）

问题 77

这个问题可以用计算器来解决，但寻找模式的解法必然更加优美，而且更加高效。

求下列数列的和：$\dfrac{1}{2} + \dfrac{1}{6} + \dfrac{1}{12} + \dfrac{1}{20} + \dfrac{1}{30} + \cdots + \dfrac{1}{2450}$。

问题 78

证明：$\dfrac{1}{2} \times \dfrac{3}{4} \times \dfrac{5}{6} \times \dfrac{7}{8} \times \cdots \times \dfrac{99}{100} < \dfrac{1}{10}$。

这个问题可以用计算器或计算机代数系统（CAS）来解决，后者是一个程序，它允许以类似于数学家和科学家传统手工计算的方式对数学表达式进行计算。但是，与上一个问题一样，寻找模式的解法要优美得多，而且效率更高。

问题 79

不要被下面这个问题所愚弄，它可能比看上去要复杂。

在 4 点钟之后的哪个确切时间，时钟的两根指针（时针和分针）会精确地重叠？

问题 80

在 12 点钟，一个时钟的三根指针——时针、分针和秒针都重叠了。在接下来的 12 小时里，三根指针一共重叠多少次？

问题 81

一个长方形盒子的三对侧面的面积分别为 165 平方英寸、176 平方英寸和 540 平方英寸。问这个盒子的体积是多大？

问题 82

当 x 取何值时，以下等式成立？

$$\frac{1}{4}\left\{\frac{1}{4}\left[\frac{1}{4}\left(\frac{1}{4}x-\frac{1}{4}\right)-\frac{1}{4}\right]-\frac{1}{4}\right\}-\frac{1}{4}=0$$

问题 83

对于那些记得三角学的读者，我们提出以下问题。

$T=\tan 15°\times\tan 30°\times\tan 45°\times\tan 60°\times\tan 75°$，求 T 的值。

问题 84

图 3.27 显示了一个正八边形和一个等腰三角形，后者使用前者的一条边作为底，并且顶点在该边的对边上。等腰三角形的面积是正八边形的面积的几分之几？

图 3.28 显示了一个长方形，它由正八边形的一组对边和对应顶点的连线所形成。这个长方形的面积是正八边形的面积的几分之几？

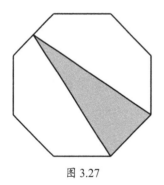
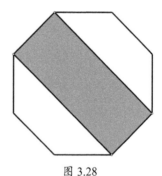

图 3.27　　　　　　　　　　图 3.28

问题 85

下面给出了一个令人困惑的数字序列，不容易识别。请问它的下一个数字是多少？

1, 2, 3, 4, 6, 8, 9, 12, 16, 18, 24, 27, 32, 36, 48, 54, 64, 72, 81, 96, …

问题 86

给定一个棋盘和 32 枚多米诺骨牌，每枚骨牌的尺寸刚好相当于棋盘上的两个方格的确切大小。请问当棋盘上两个相对角落上的方格被移除后（见图 3.29），这些多米诺骨牌中的 31 枚是否可以完全覆盖棋盘？

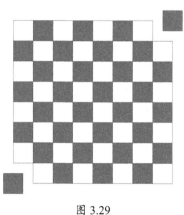

图 3.29

问题 87

我们在这里提出的这个具有挑战性的问题可能会让读者感到有点沮丧。问题如下：一个山洞里有四个人，只有一个出口，不幸的是这四个人在山洞里丢失了他们的物品，他们只有一个手电筒。为了走出山洞，他们需要遵守以下规则。

（1）这四个人 A、B、C、D 到达出口所需要的时间各不相同，其中 A 需要 5 小时，B 需要 4 小时，C 需要 2 小时，D 需要 1 小时。

（2）因为山洞里又黑又危险，只有一个人可以拿着手电筒走路。因此，手电筒必须从已经到达洞口的人那里传递到仍然在山洞里的人的手里。

（3）这个山洞太狭窄了，一次最多允许两个人同时行走。

（4）只有一个手电筒，它的电池的寿命正好是 12 小时。

问题 88

重新排列 975 的各位数字得到的所有数的和是多少？

解决这个问题至少有两种方法：诗人的方法和农民的方法。你会选择哪一种？

问题 89

下面是运用算法的一个例子，每一个四位数对应于一个简单的自然数。

1254→0	4110→1	1378→2	3365→1
5678→3	6780→4	1000→3	3196→2
2266→2	4444→0	4371→0	5358→2
3934→1	8888→8	1378→2	8698→6
2381→2	9699→4	1379→1	7778→2

你发现算法了吗？也许以下内容有助于你发现算法。

1000→3
1001→2
1100→2
1110→1
1111→0

以下内容可能对你也有帮助，但更可能让人感到沮丧！

6000→4
6006→4
6600→4
6660→4
6666→4

解　答

问题 1 的解答

我们可以用算术和几何两种方法来解答这个问题。算术方法需要我们找到每个孔的横截面面积。直径为 2 英寸（即半径为 1 英寸）的排水孔的横截面面积为 $\pi \times 1^2 = \pi$，而直径为 1 英寸的排水孔的横截面面积为：

$$\pi\left(\frac{1}{2}\right)^2 = \frac{\pi}{4}$$

因此，两个直径为 1 英寸的排水孔的横截面面积之和为 $\frac{\pi}{2}$，即为较大的排水孔的横截面面积的一半。

我们还可以通过比较相互叠放的横截面来进行判断，如图 3.30 所示。你可以清楚地看到两个较小的圆的面积之和与较大的圆的面积有着显著的差异。

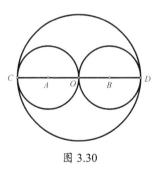

图 3.30

问题 2 的解答

当用数字写这些日期时，我们会注意到所选择的日期刚好等于相应的月数。也就是说，有关日期是 4/4、6/6、8/8、10/10 和 12/12。（当然，我们假设公历将无限期地延续下去。）

这个问题的答案可能会让大多数读者感到困惑，因为答案是这些日期都落在一周的同一天的概率是 1，即这个事件是确定的！从每年的 4 月 4 日开始，9 周后正好是 6 月 6 日，18 周后正好是 8 月 8 日，27 周后正好是 10 月 10 日，而 36 周后正好是 12 月 12 日。这就解释了为什么这些日期总是会落在一周的同一天。

另一个令人惊讶的问题是，从千禧年开始的 1 月 1 日（例如，2001 年 1 月 1 日）落在周五、周六或周日的概率是多少？令人惊讶的是，答案是概率为 0。也就是说，这种情况永远不会出现。事实上，千禧年之后的 1 月 1 日总是周一或周四。例如，2001 年 1 月 1 日是周一。

问题 3 的解答

大多数人会被这个问题弄糊涂。解决这个奇怪问题的一种聪明的方法是倒推分析法。答案是上午 9 点。如果现在是上午 9 点，2 小时后是上午 11 点，也就是中午之前的 1 小时；在上午 9 点以后的 1 小时是上午 10 点，也就是经过 2 小时后到达中午。因此，从上午 11 点到中午的时间间隔恰好是上午 10 点到中午的时间间隔的一半。

我们也可以使用一些简单的代数来解决第二个问题。设 x 表示自午夜以来已经过去的小时数，则 $24 - x$ 是一天中剩余的时间，而且这是 x 的两倍，所以 $2x = 24 - x$。解这个方程，得到 $3x = 24$，$x = 8$。因此，上午 8 点符合题目的要求。

问题 4 的解答

一旦我们越过了障碍，问题就不那么困难了。如果前天是周一，那么两天后是周三。因此，今天是周五，后天是周日。我们只需确保不迷失在问题的设置中即可。

对于第二个问题，倒推法是可取的。从昨天到明天相差两天，其两倍当然就是四天。如果我们从前天经过四天到了周三，那么我们从周三回溯四天就是周六。最后，既然前天是周六，那么今天一定是周一。

同样令人困惑的是，如果昨天是周三的明天，明天是周日的昨天，那么今天会是什么日子？你能否得出正确答案？周五！

问题 5 的解答

这是一个经典的问题，欺骗了许多不明就里的读者。这里采用倒推法是一个快速解决问题的好策略。因为我们知道今天睡莲的数量是前一天的 2 倍，在第 100 天池塘被完全覆盖，所以在第 100 天的前一天，即第 99 天它必须被覆盖一半。因此，需要 99 天来覆盖一半的池塘。

问题 6 的解答

当面对这个问题时，我们通常会按照题目的指引来思考。首先求这四个数的和，其次求它们的平均数，最后我们做除法运算并将商转换为所需的百分比。

$$7895 + 13127 + 51873 + 7356 = 80251$$

$$\frac{80251}{4} = 20062.75$$

$$\frac{20062.75}{80251} = \frac{1}{4} = 0.25 = 25\%$$

然而，首先考虑一般情况也许是明智的，而且更简单。我们用 S 表示这些数字的和，于是它们的平均数是 $\frac{S}{4}$。

为了找出平均数占总和的百分比，我们首先做除法，$\frac{\frac{S}{4}}{S} = \frac{1}{4}$。

我们现在把 $\frac{1}{4}$ 改写成百分比，得到 25%。这样一来，我们避免了大量不必要的计算，而只需从问题本身进行回溯，考察一般的情况，观察它如何给我们带来答案。

令人惊讶的是，结果与四个给定的数无关！

问题 7 的解答

答案是它们是一样的, 都等于 19。

我们之所以说这个问题是一个奇怪的问题, 仅仅是因为我们不应该陷入计算的泥潭, 而应该注意到在这里可以交换运算的次序。事实上, 在这两种情况下, 我们都在用"相同的两个数"相乘。

在第一种情况下, 我们有 $\frac{25}{100} \times 76 = \frac{25 \times 76}{100} (= 19)$; 而在另一种情况下, 我们发现 $\frac{76}{100} \times 25 = \frac{76 \times 25}{100} (= 19)$。

问题 8 的解答

一个常见的错误答案是: 蒸发 1% 的水, 剩下的 99% 一定是浆果, 这意味着浆果的质量为 99 千克。然而, 这是错误的!

最初, 混合物含 99% 的水, 这意味着其中含有 99 千克水和 1 千克干物质。干物质的质量不变, 因此在干燥过程结束时, 其质量保持 1 千克不变。这时, 干物质的质量所占的比例翻了一番, 达到 2%。

为了使有固定数量的东西(1 千克干物质)所占的比例增加 1 倍(从 1% 到 2%), 必须将混合物的总质量减半。因此, 浆果重 50 千克。

问题 9 的解答

我们可以把数字从 1 乘到 9, 得到 362880。这是一个相当大的数, 并且显然不是能被 1～9 九个数字整除的最小数字。我们怎样才能找到最小的这样的数呢? 有经验的人会说, 这个数是 5, 7, 8, 9 的乘积, 即 2520。但是, 人们可能会想, 这里没有列出的其他数字是如何被解释为 2520 的因数的?

让我们看看剩余的这些数字。数字 1 显然是一个微不足道的例子。由于第一组数字包括了 8，它也就间接地包括了数字 2 和 4。数字 9 包括了数字 3。因为数字 2 和 3 已经被包含了，所以它们的乘积 6 也一定作为一个因数被包含进去了。这样，我们只需取 $5 \times 7 \times 8 \times 9 = 2520$，它就能把从 1 到 9 的所有数字都作为因数，而且它就是能被数字 1～9 整除的最小数。

问题 10 的解答

这个问题的答案是阴影部分的面积是正方形面积的四分之一。这与直角三角形 MGH 的其他性质无关，只要它的直角顶点位于正方形的中心即可。（也许某些给定的信息会分散你的注意力，如 $CE = 2$，$CF = 6$，$AB = 8$。）我们很容易证明这一点，只要注意到 $\triangle EMC \cong \triangle FMB$ 即可（见图 3.31）。显然，$\triangle BMC$ 的面积是正方形面积的四分之一。因此，我们简单地替换两个全等的三角形，便可得出四边形 $ECFM$ 的面积也是正方形面积的四分之一。

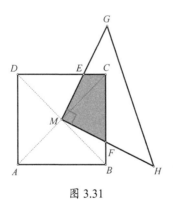

图 3.31

问题 11 的解答

我们很容易被问题陈述中提供的多余信息分散注意力，也许还会被误导。答案惊人地简单，如图 3.32 所示。

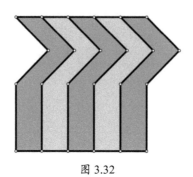

图 3.32

问题 12 的解答

处理这个问题的典型方法是用符号分别表示每一堆扑克牌中黑色牌和红色牌的数量。

B_1：第一堆中黑色牌的数量。

B_2：第二堆中黑色牌的数量。

R_1：第一堆中红色牌的数量。

R_2：第二堆中红色牌的数量。

由于黑色牌的总数等于 26，所以我们可以把它写成 $B_1 + B_2 = 26$；又因为第二堆中所有牌的总数为 26，所以我们又有 $R_2 + B_2 = 26$。

通过这两个方程相减，我们得到 $B_1 - R_2 = 0$。因此，$B_1 = R_2$，即第一堆中黑色牌的数量等于第二堆中红色牌的数量。虽然这解决了问题，但解决方案并不优雅。本章的主题是提供巧妙的解决方案，展示数学中的美和力量。

我们给出一种也许更为巧妙的方法。我们将第一堆中的所有红色牌与第二堆中的所有黑色牌进行交换。现在所有的黑色牌都在第一堆中，所有的红色牌都在第二堆中。因此，第一堆中黑色牌的数量和第二堆中红色牌的数量必须相等。仅凭简单的逻辑就解决了问题！

问题 13 的解答

解决该问题的传统方法很简单，就是解方程 $\dfrac{1}{x+5}=4$，得到 $x=-\dfrac{19}{4}$，接着将其代入到表达式 $\dfrac{1}{x+6}$ 中，得到结果 $\dfrac{4}{5}$。当然，这里可能涉及一些烦琐的代数和算术运算，但答案肯定是正确的。

也许处理这个问题的一种更为巧妙的方法是从给定的信息——方程 $\dfrac{1}{x+5}=4$ 开始。倘若我们取方程两边的倒数，便得到 $x+5=\dfrac{1}{4}$，这将更加便于我们进行处理。由于所要求的表达式中含有 $x+6$，我们只需要在上述方程的两边加上 1，就可以得到 $x+5+1=\dfrac{1}{4}+1$，即 $x+6=\dfrac{5}{4}$。我们再次取倒数，便得到 $\dfrac{1}{x+6}=\dfrac{4}{5}$，这就是我们所要求的结果。显然，这可能被认为是一种更简洁的方法，至少是一种更奇特的方法。

问题 14 的解答

这个问题的解决办法并不是简单地建立一个能使我们得到答案的方程，这里涉及更多的东西。我们可以从建立表 3.1 开始。

表 3.1

姓名	从前	现在
安娜	a	$a+x$
玛丽亚	$24-x$	24

因此，我们有 $24=2a$，$a=12$，进一步得到 $24-x=a+x=12+x$。因此，$x=6$。当玛丽亚和现在的安娜（18 岁）一样大的时候，安娜 12 岁。

或者，我们也可以这样做。

所列举的情况表现在以下两个层面。

（1）目前的时间，即玛丽亚 24 岁的时候。

（2）n 年前的时间。

然后我们建立以下关系：M 表示玛丽亚的年龄（24 岁），A 表示安娜的年龄，n 表示两个时间段之间的间隔。

根据第一部分可知，玛丽亚现在的年龄是安娜 n 年前的年龄的两倍。

$$2(A-n)=M \tag{1}$$

根据第二部分，由玛丽亚像安娜现在这样大的时候得：

$$M-n=A \tag{2}$$

将式（2）代入式（1）中，有：

$$2(M-n-n)=M \Rightarrow n=\frac{M}{4}=\frac{24}{4}=6 \tag{3}$$

将 $n=6$ 代入到式（2）中，得到：

$$M-6=A \Rightarrow A=24-6=18 \tag{4}$$

这告诉我们安娜现在 18 岁了。

问题 15 的解答

用 M 代表麦克斯现在的年龄，J 代表杰克现在的年龄。当麦克斯的年龄是他现在的两倍时，杰克的年龄将是 $J+M$。因此，由该问题的第一句可以列出以下方程。

$$2M+(J+M)=48$$

简化为：

$$3M+J=48 \tag{1}$$

15 年后，杰克的年龄将是 $J+15$，其三分之一是 $\frac{1}{3}J+5$。

该年龄的两倍等于 $\frac{2}{3}J+10$，再加 10 岁便等于 $\frac{2}{3}J+20$。

根据问题的第二部分可得：

$$2M = \frac{2}{3}J + 20$$

简化为:

$$3M - J = 30 \qquad\qquad\qquad (2)$$

把式（1）和式（2）相加，得到 $6M = 78$，$M = 13$。

然后，由式（1）得到 $J = 48 - 3M = 48 - 39 = 9$。

这意味着麦克斯目前 13 岁，杰克目前 9 岁。

问题 16 的解答

人们自然被吸引去计算蜜蜂飞行的距离，一个直接的反应是根据熟悉的关系建立一个方程：速度乘以时间等于距离。然而，这种来回路径相当难以确定，需要大量的计算。即使这样做了，也很难以这种方式解决问题。

一种更简捷的方法是先解决一个更简单的类似问题（也可以说我们能从不同的角度来看待这个问题）。我们需要计算蜜蜂飞过的距离，如果知道蜜蜂飞行的时间，我们就可以确定蜜蜂飞过的距离，因为我们已经知道蜜蜂飞行的速度。

蜜蜂飞行的时间很容易计算出来，因为它的飞行时间等于两列火车行驶的时间。为了确定火车行驶的时间 t，我们应建立一个方程。

第一列火车行驶的路程为 $60t$，第二列火车行驶的路程为 $40t$，这两列火车行驶的总路程是 800 英里。因此，$60t + 40t = 800$，$t = 8$ 小时，这也是蜜蜂飞行的时间。我们现在可以求出蜜蜂飞行的距离，即 $8 \times 80 = 640$ 英里。计算蜜蜂来回移动的距离似乎是一项非常困难的任务，但是这被我们简化为常见的匀速运动问题。

问题 17 的解答

初看该问题时，我们感觉这似乎是一项不可能完成的任务。如果我们随机取三枚硬币作为第一批，然后取另外三枚硬币作为第二批，将这两批硬币分别放在天平的两端，我们就可以进行比较。如果这两批硬币的质量相同，那么很明显，较轻的硬币就在尚未称量的三枚硬币中。在这种情况下，我们取两枚没有称量的硬币，在天平的两端各放一枚。如果天平仍然平衡，那么我们就知道剩下的尚未称量的那枚硬币较轻。如果天平不平衡，较轻的硬币就会在天平上清楚地显示出来。

如果在第一次称量两批随机抽取的硬币时发现天平不平衡，那么我们就可以确定哪一批硬币中含有那枚较轻的硬币。然后，我们继续进行称量，就像前面处理第三批硬币那样，最终确定哪枚硬币是九枚中较轻的。

问题 18 的解答

我们首先取两枚硬币，分别将其放在天平的两端。如果天平两端平衡，那么我们就取其中一枚硬币，并将其与一枚未称量的硬币进行比较。我们立即就会知道哪两枚硬币较重，因为目前称量的这两枚硬币的质量不同，它们分别代表了较轻的和较重的硬币组。如果最初的两枚硬币的质量不同，那么我们就会知道哪一枚较重，然后再对两枚未称量的硬币重复这个过程，于是我们便知道哪两枚硬币较重。

问题 19 的解答

所需的三个砝码分别是 1 磅砝码、3 磅砝码和 9 磅砝码。例如，在称量 2 磅的物品时，我们使用 1 磅砝码和 3 磅砝码。首先，我们将 3 磅砝码和 1 磅砝码分别放在天平的两端，再将需要称量的物品与 1 磅砝码放在一起，然后我们看到天平平衡，可以由此确定 2 磅物品。

当然，在天平的一端放置 3 磅砝码足以称量放置在天平的另一端的 3 磅物品。在称量 4 磅物品时，我们只需将 1 磅砝码和 3 磅砝码同时放在天平的一端，而在天平的另一端放置 4 磅物品。其余质量的称量方法如下。

5 磅：将 9 磅砝码放在天平的一端，再把 3 磅砝码、1 磅砝码连同 5 磅物品放在天平的另一端。

6 磅：将 9 磅砝码放在天平的一端，而将 3 磅砝码连同 6 磅物品放在天平的另一端。

7 磅：将 9 磅砝码和 1 磅砝码放在天平的一端，而将 3 磅砝码连同 7 磅物品放在天平的另一端。

8 磅：将 9 磅砝码放在天平的一端，而将 1 磅砝码连同 8 磅物品放在天平的另一端。

9 磅：将 9 磅砝码在天平的一端，而将 9 磅物品放在天平的另一端。

10 磅：将 9 磅砝码和 1 磅砝码放在天平的一端，而将 10 磅物品放在天平的另一端。

11 磅：将 9 磅砝码和 3 磅砝码放在天平的一端，而将 1 磅砝码连同 11 磅物品放在天平的另一端。

12 磅：将 9 磅砝码和 3 磅砝码放在天平的一端，而将 12 磅物品放在天平的另一端。

13 磅：将 9 磅砝码、3 磅砝码和 1 磅砝码放在天平的一端，而将 13 磅物品放在天平的另一端。

问题 20 的解答

传统的方法是随机选择一堆金币开始称量。这种试错技术只提供了十分之一的正确机会。一旦认识到这一点，人们可能就会尝试通过推理来解决问题。如果所有的金币都是合格的，它们的总质量就是 100 盎司。十枚假币中的每一枚都较轻，因此它们的总质量为 9 盎司。但从整体的角度考虑，我们不会有任何发现，因为质量短缺的金币可能是第一堆、第二堆、第三堆⋯⋯

让我们尝试以不同的方式组织数据来解决这个问题。我们必须找到一种方法来弥补上述方案的不足，使我们能够识别那堆假币。将十堆金币分别编号为#1、#2、#3、#4⋯⋯#10，然后从#1 堆中取一枚金币，从#2 堆中取两枚金币，从#3 堆中取三枚金币，从#4 堆中取四枚金币，以此类推。我们现在一共有 55（即 1 + 2 + 3 +

$4 + \cdots + 8 + 9 + 10$）枚硬币。如果它们都是合格的，其总质量将是 55 盎司。如果缺少 0.5 盎司，那么就有五枚较轻的金币，它们来自 #5 堆。如果缺少 0.7 盎司，那么就有七枚较轻的金币，它们来自 #7 堆，等等。因此，波格纳先生很容易找出那一堆较轻的金币，从而识别出不诚实的珠宝商。

问题 21 的解答

为了完成这项任务，我们任取四枚硬币，并将它们与其他任意四枚硬币进行比较。如果天平两端平衡，那么我们就知道有缺陷的硬币不在这八枚硬币中，而在剩下的四枚硬币中。

在这种情况下，我们再称量三枚未称量的硬币和三枚已经称量的硬币。如果天平两端平衡，那么我们就能确定有缺陷的硬币在剩余的硬币中。然后继续进行称量，以确定有缺陷的硬币究竟是比其他硬币重还是轻。这可以通过简单地将这枚有缺陷的硬币放在天平上与另一枚硬币进行比较来判断。

如果第二次称量时天平两端不平衡，我们就可以确定有缺陷的硬币比正常的硬币轻或重。我们取天平较轻的一端的硬币，称量其中两枚硬币。这两枚硬币中的较轻者就是有缺陷的硬币。如果这两枚硬币的质量相同，那么第三枚硬币就是有缺陷的、较轻的硬币。如果有缺陷的硬币比其他正常的硬币重，那么就可以通过类似的程序找到它。

让我们回到第一次称量，假设原来的四枚硬币与另外四枚硬币的质量不同。我们就能立即排除尚未称量的四枚硬币，将来也没有必要对其进行称量。我们确定已经称量的两组硬币中包含有缺陷的硬币，此时要么较轻的那一组包含较轻的、有缺陷的硬币，要么较重的那一组包含较重的、有缺陷的硬币。为了探明究竟，我们将较重的那一组中的四枚硬币称为 H-硬币，将较轻的那一组中的四枚硬币称为 L-硬币。除此之外的四枚硬币具有正常的质量，我们称之为 N-硬币。

我们在下一次称量时将有三枚 H-硬币和一枚 L-硬币放在天平的一端，而将一枚 H-硬币和三枚 N-硬币放在天平的另一端，同时留下三枚 L-硬币和一枚 N-硬币。如果天平两端平衡，那么不在天平上的三枚 L-硬币中包含一枚有缺陷的硬币。然后，我们采用前面的程序来确定有缺陷的、较轻的硬币。也就是说，我们称两枚硬币，这两枚硬币中的较轻者就是有缺陷的硬币。如果这两枚硬币的质量相同，那么第三枚硬币就是有缺陷的、较轻的硬币。

如果我们在天平的一端放置三枚 H-硬币和一枚 L-硬币，在天平的另一端放置一枚 H-硬币和三枚 N-硬币，而此时天平两端不平衡，那么就有两种可能：要么放有三枚 H-硬币和一枚 L-硬币的一端比另一端重，要么比另一端轻。

如果放置三枚 H-硬币和一枚 L-硬币的一端较重，那么就表明该端的三枚 H-硬币中的一枚较重且有缺陷。然后我们称量两枚 H-硬币，两枚 H-硬币中的较重者就是有缺陷的硬币。如果两枚 H-硬币的质量相同，那么第三枚 H-硬币就是有缺陷的、较重的硬币。

如果放置三枚 H-硬币和一枚 L-硬币的一端较轻，那么就表明这枚 L-硬币比其他硬币轻且有缺陷，或者放在天平另一端的 H-硬币比其他硬币重且有缺陷。可以通过称量这些可疑的、有缺陷的硬币与正常的 N-硬币来确定真正有缺陷的硬币。(详细称量过程如图 3.33 所示。)

既然你已经阅读了这个相当长的解答过程，就可能会觉得自己仿佛已经亲身经历了全部称量过程。这显示了解决数学问题的另一个维度，即不需要算术，只需要逻辑思维就可以解决问题！

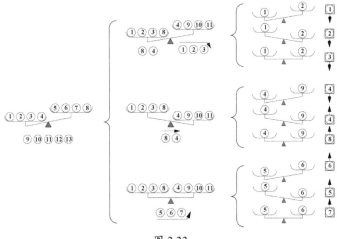

图 3.33

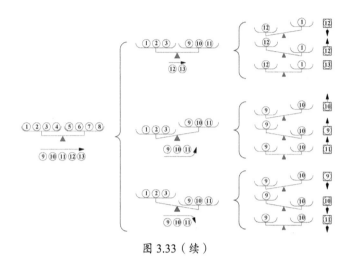

图 3.33（续）

问题 22 的解答

乍一看，大多数人会不知所措，不知道如何处理这个问题。我们在这里介绍一种针对非常复杂的方程的简单解答方法。我们首先注意到在这一系列幂中有无限多个 x。由于无穷大的性质，去掉一个 x 不会对最终结果产生任何影响。因此，通过删除第一个 x，我们发现剩余的所有 x 所组成的表达式也必须等于 2。这使得我们可以将这个方程改写为 $x^2 = 2$。于是，$x = \pm\sqrt{2}$。如果我们保持在正数的集合中，那么答案是 $x = \sqrt{2}$。

下面你可以看到连续的幂如何越来越接近 2。

$$\sqrt{2} = 1.414213562\cdots$$

$$\sqrt{2}^{\sqrt{2}} = 1.632526919\cdots$$

$$\sqrt{2}^{\sqrt{2}^{\sqrt{2}}} = 1.760839555\cdots$$

$$\sqrt{2}^{\sqrt{2}^{\sqrt{2}^{\sqrt{2}}}} = 1.840910869\cdots$$

$$\sqrt{2}^{\sqrt{2}^{\sqrt{2}^{\sqrt{2}^{\sqrt{2}}}}} = 1.892712696\cdots$$

$$\sqrt{2}^{\sqrt{2}^{\sqrt{2}^{\sqrt{2}^{\sqrt{2}^{\sqrt{2}}}}}} = 1.926999701\cdots$$

$$\cdots\cdots$$

因此，我们找到了一种非常简单的解决方案，针对的却是一个非常复杂的问题。

问题 23 的解答

我们碰到了无限多个根号，可以把这个方程的两边都平方，得到：

$$x^2 = 2\sqrt{2\sqrt{2\sqrt{2\sqrt{2\sqrt{2\sqrt{2\sqrt{2\sqrt{2\sqrt{2\sqrt{2}}}}}}}}}} \cdots$$

然而，根号下的表达式仍含有无限多个根号，它就等于 x，因为这是题目所给出的表达式。因此，我们可以将最后一个方程改写成 $x^2 = 2x$。我们知道 $x \neq 0$，因此唯一的可能性是 $x = 2$。现在你可能想知道，当 x 等于这个根号嵌套的表达式时，它怎么可能等于 2 呢？我们在这里得到的是，随着这些根号的数量接近无穷大，相应的 x 的值越来越接近 2。可以用计算器来验证这一点，你会看到 x 的值是如何随着根号的增加越来越接近 2 的。

$$\sqrt{2} = 1.414213562\cdots$$

$$\sqrt{2\sqrt{2}} = 1.681792830\cdots$$

$$\sqrt{2\sqrt{2\sqrt{2}}} = 1.834008086\cdots$$

$$\sqrt{2\sqrt{2\sqrt{2\sqrt{2}}}} = 1.915206561\cdots$$

$$\sqrt{2\sqrt{2\sqrt{2\sqrt{2\sqrt{2}}}}} = 1.957144124\cdots$$

$$\sqrt{2\sqrt{2\sqrt{2\sqrt{2\sqrt{2\sqrt{2}}}}}} = 1.978456026\cdots$$

$$\cdots\cdots$$

这是我们处理无穷问题时发现的有趣现象之一。

问题 24 的解答

解决这个问题时需要搜索一个具有以下特征的数，并且是具有该特征的最小的数。

当它被 10 除时，余数为 9；

当它被 9 除时，余数为 8；

当它被 8 除时，余数为 7；

当它被 7 除时，余数为 6；

……

当它被 3 除时，余数为 2；

当它被 2 除时，余数为 1。

其中一个这样的数是 3628799[1]。但是，这样的数最小是多少？1，2，3，4，5，6，7，8，9，10 的最小公倍数为 $2 \times 2 \times 2 \times 3 \times 3 \times 5 \times 7 = 2520$。因此，2519 是具有这些余数的最小的数。[2]

问题 25 的解答

我们知道 $28 = 2 \times 2 \times 7$。我们寻求的数字必须可以转化为 $2^p \times 3^r \times 5^s$ 这种形式（使用前三个质数），其中 $(p+1)(r+1)(s+1) = 28$。因此，$p = 6$，$r = 1$，$s = 1$，由此我们得到 $2^6 \times 3^1 \times 5^1 = 960$。这个问题看起来很复杂，但当你看到一种合乎逻辑的方法时，它就变得很简单了！

问题 26 的解答

回想一下，当且仅当一个数的各位数字之和能被 3 整除时，这个数本身就能被 3 整除。我们需要找到的这个数的各位数字之和为 $0 + 1 + 2 + 3 + 4 + 5 + 6 + 7 + 8 + 9 = 45$，这表明这个数可以被 3 整除。因此，由不同数字组成的十位数不可能不被 3 整除。所以，它不可能是一个质数！

---

[1] 注意，该数并不是 11 的倍数，因此不符合题意。——译者注
[2] 根据题意，还应该验证该数是 11 的倍数。此外，在现实生活中一个篮子里装得了这么多鸡蛋吗？——译者注

问题 27 的解答

这个问题的解答需要一些代数操作，特别是要使用指数。这将使读者欣赏到数学所显示的力量，特别是当我们看到代数如何帮助我们更好地理解数量特性的时候。

由于 $72 = 8 \times 9 = 2^3 \times 3^2$，我们只需证明 z 能同时被 8 和 9 整除。

我们将从 9 开始考虑可除性。由于 n 是偶数，我们可以将其表示为 $n = 2k$，其中自然数 k 大于 0。

下面验证 z 可以被 9 整除。

由于 n 是偶数，$k > 0$，我们可以断言：

$$z = 3^n + 63 = 3^{2k} + 3^2 \times 7 = 3^2 \times 3^{2k-2} + 3^2 \times 7 = 9 \times (3^{2k-2} + 7)$$

因为 $k > 0$，所以 $2k - 2 \geqslant 0$，$3^{2k-2} + 7$ 必定是一个自然数。这告诉我们 z 一定是 9 的倍数。

下面验证 z 可以被 8 整除。

如果 $2m = 2k - 2 \geqslant 0$，那么 $z = 9 \times (3^{2k-2} + 7) = 9 \times (3^{2m} + 7) = 9 \times (3^{2m} - 1 + 8)$。

我们可以进行因数分解，得到 $3^{2m} - 1 = (3^m - 1)(3^m + 1)$。

我们注意到 $3^m - 1$ 和 $3^m + 1$ 是两个连续的偶数，这意味着它们不仅可以被 2 整除，而且其中一个还可以被 4 整除。因此，乘积 $(3^m - 1)(3^m + 1)$ 必定能被 8 整除。既然 z 能被一对互质的数 9 和 8 整除，那么它也必定能被 72 整除。

问题 28 的解答

一个直径为 d 的圆转动的角度为 α 时，其圆周上的一个点转过的弧长为 $\dfrac{\alpha}{360°} \times \pi d$，其中圆的周长是 πd。为了确定这里所要求的转动角度 α，我们有

$$\frac{90°}{360°} \times \pi \times 1 = \frac{\alpha}{360°} \times \pi \times 9，\text{解得 } \alpha = 10°。$$

问题 29 的解答

大多数读者会立刻建立以下两个方程：$x+y=2$，$xy=3$。典型的代数训练使我们准备同时求解这两个线性方程[1]。将第一个方程变形，得到 $y=2-x$，然后用这个表达式替换第二个方程中的 y，得到 $x(2-x)=3$，从而得到一元二次方程 $x^2-2x+3=0$。利用二次多项式求根公式解此方程，我们得到 $x=1+\mathrm{i}\sqrt{2}$。接下来我们需要找到 y 的值。我们必须分别对 x 和 y 取倒数，然后进行加法运算，以获得所需的答案。这是一种相当烦琐的解决方法。这个原始问题的奇特之处在于，如果我们专注于所要求的东西，而不必为计算 x 和 y 的具体数值而分心，那么我们就可以非常简单地解决这个问题。

我们需要找到这两个倒数的和，即 $\dfrac{1}{x}+\dfrac{1}{y}$。所以，让我们来求倒数的和：$\dfrac{1}{x}+\dfrac{1}{y}=\dfrac{x+y}{xy}$。这实际上已经给出了问题的答案。因为我们从给定的信息中知道 $x+y=2$，$xy=3$，所以 $\dfrac{1}{x}+\dfrac{1}{y}=\dfrac{x+y}{xy}=\dfrac{2}{3}$。我们的问题就这样解决了。请注意，通过分析法，我们获得了一个非常简洁的解答方案。

问题 30 的解答

这个问题似乎有点复杂，但通过一些巧妙的操作，我们甚至不需要解方程就可以确定它没有负根。为了做到这一点，我们用以下形式改写这个方程：$5x^3+7x=x^4-4x^2+4$，即 $5x^3+7x=(x^2+2)^2$。假设我们考虑 x 的一个负值，那么方程的左边的值一定是负的，但右边的值要么为正，要么等于零。因此，没有一个负值可以满足这个方程。

[1] 第二个方程并不是线性方程。——译者注

问题 31 的解答

虽然人们可能倾向于使用计算器来计算这些表达式，但我们对计算器的期望往往被高估，结果会带着"错误"信息回来。有了 3 的方幂的知识，这个问题可以相当巧妙地得到解决。

$$（a）\frac{729^{35}-81^{52}}{27^{69}}=\frac{(3^6)^{35}-(3^4)^{52}}{(3^3)^{69}}=\frac{3^{210}-3^{208}}{3^{207}}=\frac{3^{208}\times(3^2-1)}{3^{207}}=3\times 8=24$$

下一个表达式可以通过将各个数分解成质因数进行化简。

$$（b）\frac{6\times 27^{12}+2\times 81^9}{8000000^2}\times\frac{80\times 32^3\times 125^4}{9^{19}-729^6}=\frac{2\times 3\times(3^3)^{12}+2\times(3^4)^9}{(3^2)^{19}-(3^6)^6}\times\frac{2^4\times 5\times(2^5)^3\times(5^3)^4}{(2^3\times 2^6\times 5^6)^2}$$

$$=\frac{2\times 3^{37}+2\times 3^{36}}{3^{38}-3^{36}}\times\frac{2^{19}\times 5^{13}}{2^{18}\times 5^{12}}=\frac{2\times 3^{36}(3+1)}{3^{36}(3^2-1)}\times 2\times 5=\frac{2(3+1)}{3^2-1}\times 2\times 5=10$$

问题 32 的解答

这个问题的典型解决方案是模拟实际的比赛，以抽签方式确定参赛球队，其中一支球队轮空。从 12 支随机选择的球队开始，与另外 12 支球队一对一比赛，每一场比赛淘汰一支球队。获胜的球队将按照上述类似的分组方式继续进行比赛。

12 支球队对另外 12 支球队，总共有 12 支球队在第一轮比赛中胜出。

6 支优胜队对另外 6 支优胜队，总共有 6 支新的优胜队在第二轮比赛中胜出。

3 支优胜队对另外 3 支优胜队，总共有 3 支新的优胜队在第三轮比赛中胜出。

3 支优胜队 + 1 支球队（抽签轮空的球队）= 4 支球队。

让剩下的 4 支球队中的 2 支球队对另外 2 支球队，将有 2 支新的优胜队在第四轮比赛中胜出。

1 支优胜队对另 1 支优胜队，决出冠军！

现在统计已经进行过的比赛的场数，见表 3.2。

表 3.2

参赛队数	比赛次数	获胜队数
24	12	12
12	6	6
6	3	3
3 + 1 = 4	2	2
2	1	1

比赛总场数为：$12 + 6 + 3 + 2 + 1 = 24$（场）。

这似乎是一种完全合理的解决方法，当然也是一种正确的方法。然而，另一种更容易处理这个问题的方法是考虑输家而不是赢家。在这种情况下，为了决出一个冠军，必须有多少个失败者？显然，必须有 24 个失败者。为了得到 24 个失败者，需要进行 24 场比赛。这样，问题就解决了。换一个角度来看问题，在很多种情况下都可以获得解决问题的奇特方法。

问题 33 的解答

根据以前的经验，我们知道需要进行 31 场比赛才能决出冠军。这 32 个参赛者可能配对的数量是：

$$C_{32}^2 = \frac{32 \times 31}{1 \times 2} = 16 \times 31$$

因此，这两名球员在 31 场比赛中相遇的概率为 $\frac{31}{16 \times 31} = \frac{1}{16} = 0.0625$，即 6.25%。复杂变简单！

问题 34 的解答

像这样的问题很容易使人陷入困境。一些读者可能会制作一个表格，显示每天瓶子里葡萄酒和水的数量，然后试图计算在任何特定的日子里戴维所饮用的混合物中各成分的比例和数量。然而，我们更容易从另一个角度来解决这个问题，即看看他每天在混合物中加了多少水。由于最初没有水，而他最终喝空了瓶子（在第十六天），故此时他一定喝光了加入瓶子里的所有水。第一天，他加了 1 盎司水；第二天，他加了 2 盎司水；第三天，他加了 3 盎司水……第十五天，他加了 15 盎司水。（记住，第十六天没有加水。）因此，他消耗的水的总量是：

$$1+2+3+4+5+6+7+8+9+10+11+12+13+14+15=120（盎司）$$

虽然这个解决方案确实有效，但一个稍微简单的类似问题是找出戴维总共喝了多少葡萄酒与水的混合物，然后简单地扣除葡萄酒的数量（即 16 盎司），我们可以得到：

$$1+2+3+4+5+6+7+8+9+10+11+12+13+14+15+16-16=120（盎司）$$

可见，戴维一共喝了 136 盎司葡萄酒与水的混合物，其中 120 盎司是水。

问题 35 的解答

通常人们对这个问题的典型反应是通过系统地计数来模拟问题中的情景。

成员 #1 呼叫其他三名成员，得到通知的总成员数量为 4 名。

成员 #2、#3、#4 各打三个电话，得到通知的总成员数量为 $4+9=13$ 名。

成员 #5～#13 各打三个电话，得到通知的总成员数量为 $4+9+27=40$ 名。

成员 #14～#33 各打三个电话，得到通知的总成员数量为 $4+9+27+60=100$ 名。

由于有 33 名成员必须打电话联系其他成员，因此有 67 名成员不必打任何电话。

这里有一种更巧妙或更简洁的解法。我们知道，在第一名成员接到通知后，还有 99 名成员需要联系，这需要 33 名成员每人打 3 个电话。因此，有 67 名成员不必打任何电话。

问题 36 的解答

有许多方法可以解决这个问题，但不幸的是其中一些会导致我们误入歧途。一种聪明的方法是考虑极端情况。

与其用小汤匙，不如用一个大勺子，它大到恰好可以装 0.5 升液体。换句话说，就是它可以装下一个瓶子中的葡萄酒。将 0.5 升红葡萄酒（即全部红葡萄酒）倒入白葡萄酒瓶中，我们得到一种混合物，其中含有 50% 的红葡萄酒和 50% 的白葡萄酒。然后，我们使用 0.5 升的勺子从这种混合物中取出 0.5 升，并将其倒回原先装着所有红葡萄酒而现在暂时空着的瓶子里。这时，红葡萄酒瓶中的白葡萄酒和白葡萄酒瓶中的红葡萄酒一样多。

我们要考虑的另一个极端情况是，如果使用的勺子太小，只能装下 0 升液体。这时，我们得出结论：白葡萄酒瓶中的红葡萄酒与红葡萄酒瓶中的白葡萄酒一样多，即都是 0 升。

我们也可以从逻辑的角度来分析这个问题。我们从两个装满酒的瓶子开始，一个装有白葡萄酒，另一个装有红葡萄酒。我们倒入白葡萄酒瓶中的红葡萄酒的数量一定是从红葡萄酒瓶中取走的红葡萄酒的数量。当我们再把混合液体灌入红葡萄酒瓶中时，取走的数量将被收回。如果我们收回的全部是红葡萄酒，那么这两个瓶子中就都有 0 升其他酒；如果我们收回的全部是白葡萄酒，那么这两个瓶子中就都有一勺其他酒；如果情况介乎二者之间，即我们收回的一部分是红葡萄酒，一部分是白葡萄酒，那么两个瓶子中都有相同量的其他酒。总之，我们得到同样的结论，即白葡萄酒瓶中的红葡萄酒和红葡萄酒瓶中的白葡萄酒一样多。

问题 37 的解答

如果没有辅助线，这个问题就很难解决。我们在图 3.5 中添加三个额外的圆（见图 3.34），这使我们的解决方案更容易达成。我们现在通过左下角的圆的圆心以及右上角的圆的圆心画一条辅助线，将这些圆分成面积相等的两部分。原来的五个圆的面积现在被平分了。辅助线与水平线的夹角是：$\alpha = \arctan \dfrac{1}{3} \approx 18.43°$。

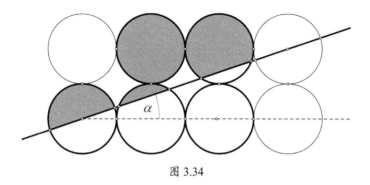

图 3.34

问题 38 的解答

这个问题可以用初等三角法解决，但这不是一种优雅的解决方案。下面我们介绍一下所求的三个角的和何以等于 90°。

$\tan\beta = \dfrac{1}{2} = 0.5$，即 $\beta = \arctan\dfrac{1}{2} \approx 0.4636476090$，因此 $\beta = 26.56505118\cdots°$。

$\tan\gamma = \dfrac{1}{3} = 0.\bar{3}$，即 $\gamma = \arctan\dfrac{1}{3} \approx 0.3217505543$，因此 $\gamma = 18.43494882\cdots°$。

二者相加得 $\beta + \gamma = 45°$。由于 $\alpha = 45°$，所以 $\alpha + \beta + \gamma = 90°$。

这个问题还有许多相当优美的解决方案，我们在这里介绍一些这样的方案，它们不需要太多的解释。在第一种这样的方案（见图 3.35）中，我们构造了两个正方形 $BFPH$ 和 $BFDQ$。我们已经知道 $\alpha = 45°$，记 $\angle HDP = \delta$，我们注意到 $\gamma + \delta = 45°(= \alpha)$。

由于 $\angle A = \angle P = 90°$，$\dfrac{AH}{AC} = \dfrac{PH}{PD} = \dfrac{1}{2}$，所以 $\triangle ACH \sim \triangle PDH$。因此，$\beta = \delta$，这使我们能够断言 $\gamma + \delta = \gamma + \beta = 45°$。换句话说，我们得到了 $\alpha + \beta + \gamma = 90°$，这与我们最初所找到的答案一样。

另一种优美的解决方案需要其他辅助线的帮助，如图 3.36 所示。我们注意到标记为 β 的两个角都落在相互平行的直线之间，因此它们是相等的。另外，标记为 γ 的两个角是同一圆弧所对应的圆周角，因此，它们也是相等的。我们非常清楚地看到这三个角的和为 $a + \beta + \gamma = 90°$。

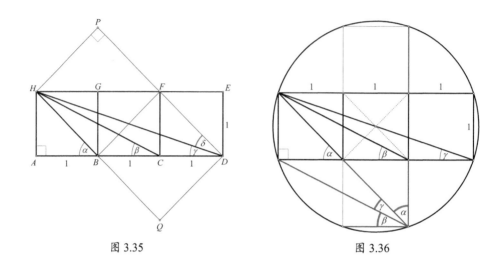

图 3.35 图 3.36

另一种相当快捷的解决方案需要用到两个角的和的正切公式，即：

$$\tan(\beta + \gamma) = \frac{\tan \beta + \tan \gamma}{1 - \tan \beta \cdot \tan \gamma} = \frac{\dfrac{1}{2} + \dfrac{1}{3}}{1 - \dfrac{1}{2} \times \dfrac{1}{3}} = \frac{\dfrac{5}{6}}{\dfrac{5}{6}} = 1$$

因此，$\beta + \gamma$ 正好是 45°。从本质上讲，这就解决了原来的问题，因为我们对个别角度的度量并不感兴趣。

这个问题还有许多更简洁优美的解决方案，我们留给读者独自探索。

问题 39 的解答

这个问题似乎相当复杂，因为结果违背直觉。记住点 P 是半圆的直径上的任意一点，下面证明线段 AB 与半径具有相同的长度。我们从构造辅助线开始证明，如图 3.37 所示。由于平行线在圆周上切割出相等的圆弧，我们可以从图中所画的平行线中得出结论：弧 AX、BY 和 CZ 是相等的。我们还可以得出结论，弧 AB 和 XY

是相等的，因此它们所对应的弦也是相等的，即 $AB = XY$。弦 XY 是等腰三角形 XMY 的第三边，其顶角 XMY 为 $60°$，这使得 $\triangle XMY$ 是等边三角形。因为弦 XY 等于线段 XM，而后者就是圆的半径，所以，我们证明了弦 XY 等于圆的半径。由此可知，AB 也等于圆的半径。

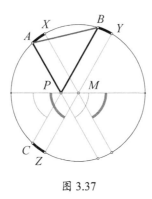

图 3.37

问题 40 的解答

360 的因数有 1，2，3，4，5，6，8，9，10，12，15，18，20，24，30，36，40，45，60，72，90，120，180，360。我们可以简单地得到它们的倒数的总和，即 $\frac{1}{1}+\frac{1}{2}+\frac{1}{3}+\frac{1}{4}+\frac{1}{5}+\frac{1}{6}+\frac{1}{8}+\frac{1}{9}+\frac{1}{10}+\frac{1}{12}+\frac{1}{15}+\cdots+\frac{1}{120}+\frac{1}{180}+\frac{1}{360}$，并由此获得所需答案。然而，计算任务十分艰巨。

有时一种巧妙的解决方法是寻找一种模式，或者用一些更容易处理的数来解决类似的问题。

我们先求 12 的各个因数的倒数之和。我们发现 12 的因数之和是 $1 + 2 + 3 + 4 + 6 + 12 = 28$，12 的因数的倒数之和为 $\frac{1}{1}+\frac{1}{2}+\frac{1}{3}+\frac{1}{4}+\frac{1}{6}+\frac{1}{12}=\frac{12}{12}+\frac{6}{12}+\frac{4}{12}+\frac{3}{12}+\frac{2}{12}+\frac{1}{12}=\frac{28}{12}$。这里可能有一种模式，我们可以用其他这样的数来加以验证。也就是说，倒数的和似乎是一个分数，其分子是各因数的和，分母是原数。当然，我们应该确

保这个模式适用于所有的数。一旦我们能够证明这是一种普遍正确的模式，就可以将它应用于给定的问题。[1]我们简单地取 360 的各个因数的和 1170，用这个数除以 360 本身。由此可见，本题的答案为 $\frac{1170}{360}=\frac{13}{4}=3.25$。这说明了确定模式可以使看似复杂的问题变得相当简单。

问题 41 的解答

（a）有些人可能通过把 8 的方幂输入他们的计算器来尝试解决这个问题。然而，他们很快就会意识到大多数计算器不允许他们得到数值如此巨大的答案。因此，我们必须寻找另一种方法。让我们检查不断增加的 8 的方幂，看看其个位数中是否有一种有用的模式。

8^1 =	**8**	8^5 =	3276**8**	8^9 =	13421772**8**
8^2 =	6**4**	8^6 =	26214**4**	8^{10} =	107374182**4**
8^3 =	51**2**	8^7 =	209715**2**	8^{11} =	858993459**2**
8^4 =	409**6**	8^8 =	1677721**6**	8^{12} =	6871947673**6**

注意出现的模式：个位数在四个方幂的循环中重复出现。看来我们可以将这种模式应用于原来的问题。由于我们感兴趣的指数是 19，当它除以 4 时，余数为 3。因此，8^{19} 的个位数应该与 8^{15}，8^{11}，8^7，8^3 的个位数相同，也就是 2。

顺便说一句，对于持怀疑态度的读者来说，我们在此给出完整的数值：$8^{19}=144115188075855872$。

（b）让我们检查不断增加的 7 的方幂，看看其个位数中是否有一种可用的模式。

7^1 =	**7**	7^5 =	1680**7**	7^9 =	4035360**7**
7^2 =	4**9**	7^6 =	11764**9**	7^{10} =	28247524**9**
7^3 =	34**3**	7^7 =	82354**3**	7^{11} =	197732674**3**
7^4 =	240**1**	7^8 =	576480**1**	7^{12} =	13841287201

---

[1] 这种模式是正确的，读者可以通过代数方法并加上一定的小技巧加以证明。——译者注

按照这种模式, 我们推导如下: 指数 197 除以 4 的余数为 1, 所以 7^{197} 的个位数应该和 7^1 相同, 即为 7。如果有时间, 我们可以检查这个答案, $7^{197} = 30500986272053519$ $4606965003259965412822716867351901761675310254828915552094341454271356929$ 2535908264249143207。

问题 42 的解答

一些读者想尝试通过使用他们的计算器来解决这个问题。这是一项艰巨的任务, 我们可以预料到你会得到错误的结果! 这个问题的妙处不是简单地得到答案, 而是找到解决问题的好的途径。让我们再次利用寻找模式的策略。我们必须研究三个不同的数的方幂中存在的模式。这样的练习将帮助你熟悉数的方幂的个位数的周期性规律。

$$13^1 = 1\underline{3} \qquad 13^5 = 37129\underline{3}$$
$$13^2 = 16\underline{9} \qquad 13^6 = 482680\underline{9}$$
$$13^3 = 219\underline{7} \qquad 13^7 = 6274851\underline{7}$$
$$13^4 = 2856\underline{1} \qquad 13^8 = 81573072\underline{1}$$

13 的方幂的个位数重复出现的规律为: 3, 9, 7, 1, 3, 9, 7, 1, …。因此, 13^{25} 的个位数与 13^1 的个位数相同, 即 3。

对于 4 的方幂, 我们得到:

$$4^1 = \underline{4} \qquad 4^5 = 102\underline{4}$$
$$4^2 = 1\underline{6} \qquad 4^6 = 409\underline{6}$$
$$4^3 = 6\underline{4} \qquad 4^7 = 1638\underline{4}$$
$$4^4 = 25\underline{6} \qquad 4^8 = 6553\underline{6}$$

4 的方幂的个位数重复出现的规律为: 4, 6, 4, 6, 4, 6, …。因此, 4^{81} 具有与 4^1 相同的个位数, 即 4。

5 的方幂的个位数始终是 5 (即 $\underline{5}$, 2$\underline{5}$, 12$\underline{5}$, 62$\underline{5}$, …)。

我们要寻找的方幂之和等价于 3 + 4 + 5 = 12, 其个位数为 2。

($13^{25} + 4^{81} + 5^{411} = 18909140209225186878994290201593514880713960898675$7

36647889467487033282949695732250306065597055735336465124719275168298532
08416210445483552501131860670581294923064484995376368524625018736901735
39590301154612057734838510821571762132234502563535580184937538282843952
16748045179011684739722）

你可以计算任意一个数的方幂，然后检查其个位数的周期性规律。任何数的方幂都具有周期性吗？周期是什么？

问题 43 的解答

这个问题不能在计算器上完成，因为答案包含比计算器允许显示的位数更多的位数。计算可以手动完成，尽管答案中含有太多的零，这往往会导致错误。然而，我们可以从一个较小的除数开始，然后增大除数，看看是否会出现一种可用的模式（见表 3.3）。

表 3.3

求值	除数中 5 后面的零的个数	商	小数中 2 前面的零的个数
1 ÷ 5	0	0.2	0
1 ÷ 50	1	0.02	1
1 ÷ 500	2	0.002	2
1 ÷ 5000	3	0.0002	3
…	…	…	…
1 ÷ 5000000000	9	0.0000000002	9

现在很容易找到正确答案。小数点后位于数字 2 之前的零的个数与除数中零的个数相同。所以，有：

$$\frac{1}{5000000000} = 0.2 \times 10^{-9} = 2 \times 10^{-10}$$

问题 44 的解答

实际上，我们可以计算从 1 到 10 的所有整数的立方，然后求和。如果用计算器仔细地计算，就应该能够得到正确的答案。如果我们的身边没有计算器，那么我们就会发现计算相当烦琐和混乱！让我们看看如何通过搜索模式来解决这个问题。我们按如下方式组织数据：

$$1^3 \qquad\qquad\qquad\qquad = (1) \qquad\qquad\qquad = 1 \qquad = 1^2$$
$$1^3 + 2^3 \qquad\qquad\qquad = (1 + 8) \qquad\qquad\quad = 9 \qquad = 3^2$$
$$1^3 + 2^3 + 3^3 \qquad\qquad = (1 + 8 + 27) \qquad\quad = 36 \qquad = 6^2$$
$$1^3 + 2^3 + 3^3 + 4^3 \qquad = (1 + 8 + 27 + 64) \quad = 100 \qquad = 10^2$$

注意，最后一列中的底数（即 1，3，6，10，…）是三角形数。第 n 个三角形数是通过取前 n 个正整数的和而得到的，即第一个三角形数是 1，第二个三角形数是 1 + 2 = 3，第三个三角形数是 1 + 2 + 3 = 6，第四个三角形数是 1 + 2 + 3 + 4 = 10……以此类推。

因此，我们可以将我们的问题改写如下：

$$1^3 \qquad\qquad\qquad\qquad\qquad = (1)^2 \qquad\qquad\qquad\qquad = 1^2 \qquad = 1$$
$$1^3 + 2^3 \qquad\qquad\qquad\qquad = (1 + 2)^2 \qquad\qquad\quad = 3^2 \qquad = 9$$
$$1^3 + 2^3 + 3^3 \qquad\qquad\quad = (1 + 2 + 3)^2 \qquad\quad = 6^2 \qquad = 36$$
$$1^3 + 2^3 + 3^3 + \cdots + 9^3 + 10^3 = (1 + 2 + 3 + \cdots + 9 + 10)^2 = 55^2 = 3025$$

此时，你应该可以体会到，通过寻找一个模式来解决问题具有很大的好处。可能需要付出一些努力才能找到所需的模式，但一旦找到它，就可以大大简化问题，而且能够再次发现数学之美。

问题 45 的解答

通过尝试，有些人可能会碰巧找到正确的答案，即北极。为了检验这个答案，试着从北极出发，向南行走 1 英里，然后向西行走 1 英里。此时，你将沿着一条纬线行走，它距北极 1 英里。此后，向北行走 1 英里，你就会回到你开始出发的地方——北极（见图 3.38）。

大多数熟悉这个问题的人都有成就感。我们可以问：是否还有其他这样的起点，由此出发经过同样的三次行走，最后回到起点？答案是肯定的。

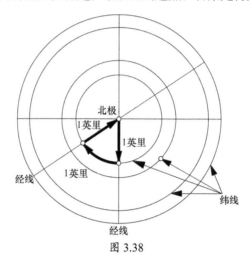

图 3.38

　　一组起点是通过定位纬度圈找到的，该纬度圈的周长为 1 英里，离南极最近（见图 3.39）。从这个纬度圈向北走 1 英里（自然是沿着一个圆心位于地球中心的大圆行走），形成另一个纬度圈。这个纬度圈上的任何一点都是合格的起点，让我们试试。

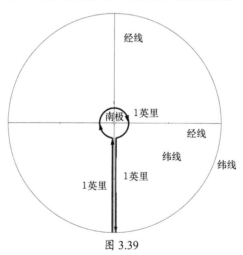

图 3.39

　　从我们所构造的第二个纬度圈开始，向南走 1 英里（进入第一个纬度圈），然后向西走 1 英里。此时你只需要绕着第二个纬度圈走一圈，然后向北走 1 英里，你就会回到起点。

假设第一个纬度圈的周长是 $\frac{1}{2}$ 英里，我们仍然可以满足给定的行走要求。这一次我们会绕着它走两圈。如果第一个纬度圈的周长是 $\frac{1}{4}$ 英里，那么我们只需绕着它走四圈。

此时，我们可以做出一个飞跃性的概括，即我们有更多的满足题目要求的起点。其实，有无限个这样的点！这些点位于一个个纬度圈上，这些纬度圈可以通过另外一个纬度圈来定位。后者位于离南极很近的地方，并且它的周长为 $\frac{1}{n}$ 英里。这样，你绕该纬度圈往西走 n 圈时所经过的路程为 1 英里。

问题 46 的解答

大多数人会推测，如果始终在这条航线上，飞机就会飞回到起点——假设它有足够的燃料进行飞行。然而，这个推测是不正确的！

从逻辑上看，如果飞机要回到原来的位置，它就不能连续朝东北方向飞行，因为它必须向西南方向飞行（见图 3.40）。这架飞机的飞行路线被称为斜航线。

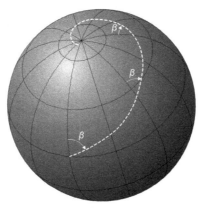

图 3.40

这条路径实际上是一条永无止境的螺旋线，接近北极，但实际上（理论上）永远不会到达北极。正如你在图 3.40 中所看到的，这条路径离北极越来越近，但是我们不能展示它是如何绕着北极旋转而不到达北极的。

螺旋线由角度 β 所确定，该角度在整个过程中保持不变。

我们可以更仔细地看看这条斜航线螺旋，其方程可以表示为：$\lambda = \ln\left[\tan\left(\dfrac{\pi}{4} + \dfrac{\phi}{2}\right)\right]$，其中 λ 和 ϕ 分别表示纬度和经度。

当 $\phi = 0°$ 时，我们得到 $\lambda = 0°$。当 ϕ 趋近 90° 时，λ 趋近无穷大。这意味着斜航线将无限地绕着北极螺旋式旋转，但螺旋线的长度 l 是有限的，$l = \dfrac{\sqrt{2}}{2}\pi r \approx 14153$ 千米。这里，我们假定地球半径 r 为 6371 千米。

我们还应该注意，在采用墨卡托投影绘制的地图上，斜航线是一条直线。地球上任意两点之间的斜航线都可以在这种投影地图上绘制。

问题 47 的解答

这个问题的奇特性在于其解决办法取决于图形的方向。为了求两个等边三角形的相对大小，我们简单地将内接三角形旋转到图 3.41 所示的位置。现在有四个全等的等边三角形，它们组成了那个大的等边三角形。因此，内接等边三角形的面积与外切等边三角形的面积之比为 1∶4，它们的边长之比为 1∶2。

图 3.41

问题 48 的解答

通过简单地绘制矩形的对角线（见图 3.42），我们就可以找到这个问题的答案了。如果我们把其中任意一条对角线看作直角三角形的斜边，就会发现菱形的一条边是该直角三角形的两条直角边的中点的连线，因而其长度是斜边（即圆的直径）长度的一半，即等于 6。有时遇到的问题中可能有无关的信息，这里就是这种情况，其中矩形的宽和长的比例与这个问题的解答无关。

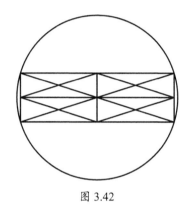

图 3.42

问题 49 的解答

我们可以通过画一些辅助线，利用勾股定理来解决这个问题，然而这会增加计算量。

可以用一种简单得多的方法来处理这个问题，那就是注意图 3.10 具有一定的对称性。通过将内接正方形旋转 45°，我们得到一个新的图形，如图 3.43 所示。我们注意到，小正方形的每个四分之一区域都包含大正方形八分之一的面积。因此，较小的正方形的面积是较大的正方形面积的一半。换句话说，这两个正方形面积的比例是 1∶2。令人好奇的是，考虑对称性时，往往可以相当简单的方式解决明显困难的问题。

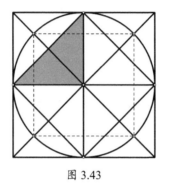

图 3.43

问题 50 的解答

面对这个问题，关键是不要被那些无用的信息分散注意力。一旦我们意识到矩形有两条相等的对角线，并且知道对角线 AC 也是四分之一圆的半径（见图 3.44），那么我们就知道 $BD = 10$。

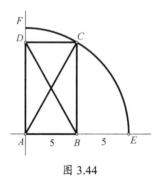

图 3.44

问题 51 的解答

面对这个问题，大多数人会沿着正方形的四条边画，结果发现中心点被丢掉了；但连接中心点时，结果发现其他点又被丢掉了。大多数人对于把线条延伸到正方形以外似乎有一种心理障碍。从图 3.45 可以看出，有两种不同的方案来解决本题提出的问题。

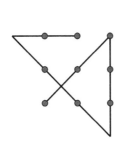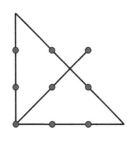

图 3.45

问题 52 的解答

许多人在解决这个问题时很快就会感到沮丧。显然，他们必须从每一（外部）行和每一（外部）列中移除一根棒。这是通常的做法，得到的结果如图 3.46 所示。

在图 3.46 中，每一（外部）行和每一（外部）列只有 10 根棒。当从每一（外部）行和每一（外部）列中移除一根棒后，每一（外部）行和每一（外部）列中怎么可能有 11 根棒呢？这一次，我们需要"跳出固有框"思考。

我们只需从每一（外部）行和每一（外部）列中取一根棒，并将其放在一个角落里（见图 3.47），问题就解决了。这可能看起来轻而易举，但经验表明，大多数人不会轻易找到这个奇怪的解决方案。

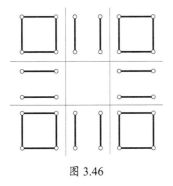

图 3.46

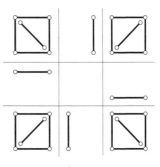

图 3.47

问题 53 的解答

令人惊讶的是，解决方案相当简单：把中间的盛满水的杯子拿起来，然后将它里面的水全部倒入最右边的空杯子中，再把这个杯子放回原来的位置。现在每一个空杯子都紧挨着一个装满水的杯子，每一个装满水的杯子都紧挨着一个空杯子。

问题 54 的解答

通常，我们会尝试打开一条链子末端的环，将其连接到第二条链子上，形成一条包含六个环的链子；然后打开第三条链子的第一个环，并将其连接到包括六个环的链子上，形成一条包含九个环的链子；再打开第四条链子的第一个环，将其连接到包含九个环的链子上，得到一个包含 12 个环的链子，但它并不是封闭的圆形链子。因此，这种典型的做法通常以失败告终。大多数人还会尝试打开每条链子中的一个环，再将它连接到另一条链子上，但这种方法不起作用。

让我们从另外一个角度来看待这个问题。我们不是打开每一条链子中的一个环，而是打开一条链子中的所有环，并用这些独立的环将其余的三条链子连接起来，从而形成所需的圆形链子。

这很快就给出了成功的解决方案。

问题 55 的解答

对该问题的正常反应是试着求出每个平行四边形的面积，然后进行比较。但是，这不是一个简单的解决方案！奇怪的是，这个问题很容易通过绘制线段 BG 来解决。在图 3.48 中，这两个平行四边形的公共部分是 $\triangle ABG$。

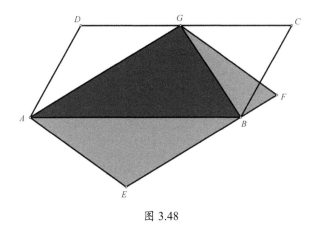

图 3.48

让我们首先关注△ABG 与平行四边形 ABCD 的关系。它们有相同的底边 AB，也有相同的高（点 G 到底边 AB 的距离）。因此，△ABG 的面积是平行四边形 ABCD 的面积的一半。

对于△ABG 和平行四边形 AEFG 之间的关系，可以进行类似的讨论。因为两者有相同的底边 AG，也有相同的高（点 B 到底边 AG 的距离），所以△ABG 的面积是平行四边形 AEFG 的面积的一半。由于这两个平行四边形的面积都是△ABG 的面积的两倍，所以这两个平行四边形的面积相等。

由于问题只是笼统地提出点 G 和 B 分别位于线段 CD 和 EF 上，而没有具体说明这两个点位于线段上的什么位置，我们实际上可以分别把它们放在点 D 和 F 上，这个问题就会变得很简单！换句话说，平行四边形 AEFG 的面积与点 G 在线段 CD 上的具体位置无关。

问题 56 的解答

为了使必须移动的点数最少，我们需要在这些点中构造一个图形。不管原始三角形的方向如何，该图形的形状都保持不变。在图 3.49 中，我们注意到六边形是对称的，它与三角形的方向无关。

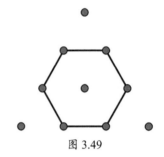

图 3.49

因此，我们可以移动不属于六边形的三个点（即等边三角形的三个顶点），如图 3.50 所示。

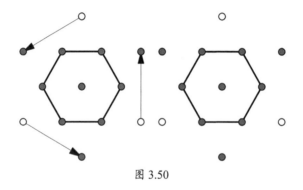

图 3.50

问题 57 的解答

人们对于这个问题的典型回答是 100 天，其根据是猴子每天爬升 1 英尺。然而经过 97 天，猴子已经爬升了 97 英尺。因此，在第 98 天的上午，它将爬完剩下的 3 英尺。所以，不需要人们想象的 100 天，而只需要 97.5 天。

问题 58 的解答

由于 $\frac{3}{2}$ 只母鸡工作了 $\frac{3}{2}$ 天，我们可以创建一个称为"母鸡·天"的工作单元，它将是下蛋的母鸡的数量与天数的乘积。在这种情况下，我们将有 $\frac{3}{2} \times \frac{3}{2} = \frac{9}{4}$ 母鸡·天。已知 6 只母鸡产 8 天的蛋，因此总共有 48 母鸡·天。设 x 等于 48 母鸡·天产蛋的数量，我们可以建立如下比例关系：

$$\frac{\dfrac{9}{4}\,母鸡 \cdot 天}{48\,母鸡 \cdot 天} = \frac{\dfrac{3}{2}\,枚}{x}$$

于是，$\frac{9}{4}x = 48 \times \frac{3}{2} = 72$，即 $x = 32$ 枚。

问题 59 的解答

大多数人倾向于通过简单地猜测答案来解决这个问题，并不断地"倒"来"倒"去，试图得出正确的答案。这是一种"不聪明"的猜想-测试方法。这个问题可以通过使用分析法来更有组织地解决。我们最终需要 7 升水，（显然）它必须装在 11 升的罐子里。当我们这样做时，我们将在 11 升的罐中总共留下 4 升的空间（见图 3.51）。但我们如何安排出这 4 升的空间呢？

为了获得 4 升水，我们必须在 5 升的罐子中留下 1 升水。如何才能在 5 升的罐子中得到 1 升水？在 11 升的罐子中装满水，然后先后两次将它里面的水倒出来一部分，恰好每次都装满 5 升的罐子，然后再倒掉。于是，11 升的罐子里便留下了 1 升水（见图 3.52）。

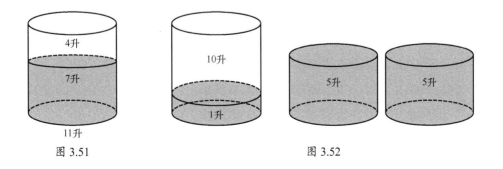

图 3.51　　　　　　　　　　　　图 3.52

这时把 1 升水倒入 5 升的罐子里，再往 11 升的罐子中装满水，然后倒掉 4 升水，以填充 5 升的罐子中剩余的空间（见图 3.53）。11 升的罐子里便留下了所需的 7 升水。

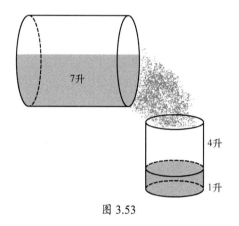

图 3.53

请注意，此类问题并不总是有解。也就是说，在构造这类问题时，你必须记住，只有当两个给定的罐子的容积的倍数之差等于所需的数量时，才有解决方案。在这个问题中，$2 \times 11 - 3 \times 5 = 7$。

问题 60 的解答

解决这一问题的传统方法（代数教科书中常见的方法）如下。用 t 表示西蒙追赶软木塞的时间，r 表示西蒙在静水中划船的速度，s 表示水流的速度。由于速度和时间的乘积等于行驶的距离，我们得到软木塞漂流的距离为 $(10+t)s = 1$ 英里。现在西蒙掉头追赶软木塞所行驶的距离是 $t(r+s)$，这等于他向上游划行的距离 10 $(r-s)$ 加上软木塞往下游漂流的 1 英里。

解方程组，得到 $t = 10$。因此，软木塞向下游漂流的时间是 $10 + 10 = 20$ 分钟，水流的速度是 0.05 英里/分钟（即 3 英里/小时）。

我们现在按照下述方法来解决问题，考虑相对运动的概念可以使这个问题的解决变得更容易。不管这条小溪是在向下游流动且携带着西蒙划行还是处于静止状态，我们只关心西蒙和软木塞的分离和相遇。如果溪流静止，西蒙划船追到软木塞的时间与划船离开软木塞的时间相同。也就是说，他需要 20 分钟。由于软木塞在这 20 分钟内移动了 1 英里，所以水流的速度是 3 英里/小时。

问题 61 的解答

正确的答案是 $\frac{1}{4}$，因为我们知道小圆的面积是大圆面积的 $\frac{1}{4}$。所以，如果在大圆中随机选择一个点，那么它落在小圆中的概率是 $\frac{1}{4}$。

我们也可以用不同的方式来看待这个问题。随机选择的点 P 必须位于大圆的某条半径上，例如半径 OAB，其中点 A 是它的中点（见图 3.54）。在 OAB 上的点 P 在 OA 上（即在小圆内）的概率为 $\frac{1}{2}$。如果对大圆中的其他点做同样的考虑，我们就会发现这个点落在小圆中的概率也是 $\frac{1}{2}$。这当然是不对的。第二次计算时哪里出错了呢？

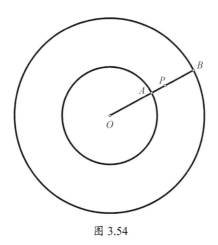

图 3.54

"错误"在于样本空间的定义。在第一种情况下，样本空间是大圆所包含的整个区域，而在第二种情况下，样本空间是 OAB 上的点集。显然，当在 OAB 上选择一个点时，该点也位于 OA 上的概率为 $\frac{1}{2}$。这是两个完全不同的问题。条件概率是一个帮助我们理解有关问题的重要概念。如果不是通过一个明显荒谬的示例，那么还有什么更好的方法来阐述这个想法呢？

问题 62 的解答

乍一看，似乎没有足够的信息来解决这个问题。添加图 3.55 所示的几条辅助线后，就有了更多可利用的条件。我们知道半径垂直于切点（T）处的切线，垂直于弦的半径将弦平分。因此，$AT = BT = 4$。我们知道，通过寻找两个圆的面积之差，可以找到两个圆之间的区域（甜甜圈形状）的面积。假设小圆的半径为 r，大圆的半径为 R，则这两个圆之间的区域的面积等于 $\pi R^2 - \pi r^2$。

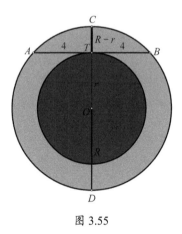

图 3.55

因为 $OC = R$，$OT = r$，所以 $CT = R - r$，$DT = R + r$。

我们知道一个圆中两条相交弦上的两条线段长度的乘积相等，所以我们得到 $CT \cdot DT = AT \cdot BT$，即 $(R-r)(R+r) = 4 \times 4$，故 $R^2 - r^2 = 16$。

因此，两圆之间的区域的面积为 16π。问题解决了。

另一种方法是通过绘制线段 OA 来解决这个问题。我们现在得到一个直角三角形 ATO，其中 $OA^2 = OT^2 + AT^2$，即 $R^2 = r^2 + 4^2$，所以 $R^2 - r^2 = 16$。

到目前为止，解决问题的方法是相当简单和传统的，基本上是使用基础几何学的正常手段。为了表现数学的力量，我们也可以用一种更不寻常的方式来看待这个问题，即考虑一个极端情况。假设小圆越来越小，直到我们可以把它看作一个与点 O 重合的点。这时，AB 成为大圆的一条直径，两个圆之间的区域的面积为大圆的面积，等于 $\pi R^2 = 16\pi$。这个简洁的解决方案再次证明了考虑极端情况的意义。

问题 63 的解答

要回答这个问题，我们需要应用三角学知识，即需要回忆直角的余弦值为 0，钝角的余弦值为负，锐角的余弦值为正。

在直角三角形中，其中一个角的余弦值为 0，从而有 $\cos\alpha \cdot \cos\beta \cdot \cos\gamma = 0$。在钝角三角形中，其中一个角大于 $90°$，比如说 $\alpha > 90°$，那么 $\beta < 90°$，$\gamma < 90°$，此时 $\cos\alpha \cdot \cos\beta \cdot \cos\gamma < 0$。对于一个锐角三角形来说，各个角的余弦值都是正数，因此 $\cos\alpha > 0$，$\cos\beta > 0$，$\cos\gamma > 0$，即 $\cos\alpha \cdot \cos\beta \cdot \cos\gamma > 0$。故原题所描述的三角形是锐角三角形。

问题 64 的解答

不要试图构造出更大的三角形，而应该从给定的信息中寻找一种模式。我们注意到每一行的最后一个数是一个完全平方数，其实就是行数的平方。我们还注意到每一行的第一个数也与行数相关，即由于第 n 行的最后一个数是 n^2，这一行的第一个数是 $(n-1)^2 + 1$。

为了找到这一行的其他数，我们取第一个数和最后一个数的平均数。

$$\frac{\left[(n-1)^2+1\right]+n^2}{2}=\frac{n^2-2n+1+1+n^2}{2}=n^2-n+1$$

由于 2000 满足条件 $44^2 < 2000 < 45^2$，所以 2000 必定位于第 45 行，该行的第一个数是 1937，最后一个数是 2025，中间的数是 1981。

问题 65 的解答

我们首先用 t 表示两个慢跑者从起跑到中午相遇所需的时间，同 a 表示第一个慢跑者的速度（他从 A 地出发，下午 4 点到达 B 地），用 b 表示第二个慢跑者的速度（他从 B 地出发，晚上 9 点到达 A 地）。

第一个慢跑者需要 t 小时才能到达他们中午相遇的点。第二个慢跑者前进的方向相反，他需要 9 小时才能跑完相同的距离。我们可以用以下方式表示从 A 地到相遇点的这段距离：$ta = 9b$。以类似的方式，我们可以将 B 地到相遇点的距离表示为 $tb = 4a$。我们将这两个方程相乘，得到 $t^2ab = 36ab$，化简后得到 $t^2 = 36$。因此，我们得到 $t = 6$，这就告诉我们日出是在早上 6 点。

问题 66 的解答

通常的方法是连接 BN（见图 3.56），然后发现 $\triangle ABN$ 的面积是 $\triangle ABC$ 的面积的一半（因为 $\triangle ABC$ 的中线将其划分为两个面积相等的区域）。

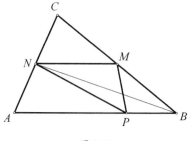

图 3.56

因为三角形两边中点的连线平行于第三边，所以 MN 平行于 AB。$\triangle BMN$ 与 $\triangle PMN$ 具有相同的面积，因为它们有相同的底边 MN，并且该底边上的高相同。

$\triangle BMN$ 的面积加上 $\triangle CNM$ 的面积等于 $\triangle BCN$ 的面积，也等于 $\triangle ABC$ 的面积的一半。通过替换，我们得到：$\triangle PMN$ 的面积加 $\triangle CNM$ 的面积等于 $\triangle ABC$ 的面积的一半。也就是说，四边形 $MCNP$ 的面积是 $\triangle ABC$ 的面积的一半。

我们可以通过在 AB 上选择一个恰当的点 P 来使这个问题变得简单（该题并没有给出点 P 在 AB 上的具体位置）。我们考虑一个极端情况，假设点 P 为 AB 的一个端点，譬如 B 点。在这种情况下，四边形 $MCNP$ 退化为 $\triangle BCN$，因为 BP 的长度为 0。正如我们前面提到的，$\triangle BCN$ 是由 $\triangle ABC$ 的一条中线划分 $\triangle ABC$ 所得到的，因此，$\triangle BCN$ 的面积是 $\triangle ABC$ 的面积的一半。

问题 67 的解答

解决这一问题的传统方法要求我们将正方体中间的图形看成侧面为等边三角形的正四面体。当正方体的边长为 a 时，正四面体的边长 b 等于 $\sqrt{2}a$（根据勾股定理）。我们进一步应用勾股定理来求正四面体的高 h，也就是正四面体的一个顶点到其对面的等边三角形的中心的距离。如果说底面的中线（也是该等边三角形的高）的长度 m 等于 $\dfrac{\sqrt{6}a}{2}$，那么有 $\dfrac{2m}{3} = \dfrac{\sqrt{6}a}{3}$。这正是一个直角三角形的一条直角边（$h$ 是另一条直角边），而 b 是该直角三角形的斜边。因此，可以根据勾股定理得到正四面体的高为 $\dfrac{2\sqrt{3}}{3}a$。这样，我们就可以计算正四面体的体积。

$$V = \frac{1}{3} \times \frac{bm}{2} \times h = \frac{1}{3} \times \frac{\sqrt{2}a \times \dfrac{\sqrt{6}a}{2}}{2} \times \frac{2\sqrt{3}}{3}a = \frac{a^3}{3}$$

下面介绍一个更优美的解决方案。正方体的每个角都有一个"金字塔"（实际上也是四面体），如果从正方体的体积中减去四个"金字塔"的体积，那么我们就得到了所要求的正四面体的体积。这四个"金字塔"的底面都是等腰直角三角形（面

积为 G ），它们的直角边的长度是 a ，斜边的长度是 b ，"金字塔"的高也是 a ，故这四个"金字塔"的体积之和为：

$$V_{4P} = 4 \times \frac{G \times h}{3} = \frac{4}{3} \times \frac{a \times a}{2} \times a = \frac{2}{3}a^3$$

从正方体的体积中减去四个"金字塔"的体积，我们便得到了正四面体的体积。

$$V = V_{正方体} - V_{4P} = \frac{1}{3}a^3$$

问题 68 的解答

找到一个从三个不同的方向看都是正方形的立体图形显然很容易。它是一个棱长为 1 的正方体。当从不同方向观察时，直径为 1 的球体将显示为图 3.57 中的圆。一个高为 1、底圆直径为 1 的圆柱体可以在不同的方向上显示为正方形或圆，如图 3.57 所示。然而，一个立体图形从不同的方向显示为图 3.57 中的三种形状似乎是不可能的。

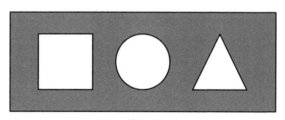

图 3.57

假设我们现在把这三个图形从纸板上剪下来，看看能否找到一个立体图形，使得它刚好可以通过这些形状的切口。

显然，一个立方体可以穿过正方形切口，只要其棱长适当即可。直径为 1 的球体或底面直径为 1 的圆柱体很容易通过圆形切口，横截面与等腰三角形切口一致的棱柱也能与该三角形切口很好地吻合。

我们寻找的立体图形必须刚好通过这三种形状的切口（即与每个切口都能很好地吻合）。取一个棱长为 1 的立方体，然后从其中切割出一个圆柱体，如图 3.58 所示。我们删除经过两次平面切割以后所有不包括在那个直三棱柱内的部分。

图 3.59 显示了这个图形表面的各种切割线。

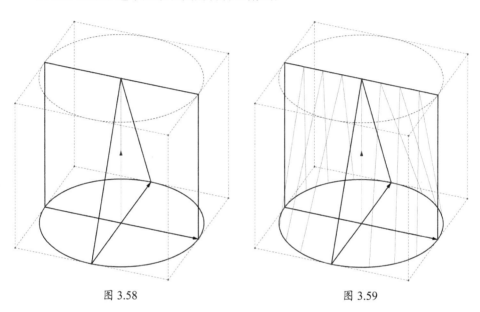

图 3.58　　　　　　　　　　　　　　　　图 3.59

图 3.60 显示了具有这种形状的实物[1]。

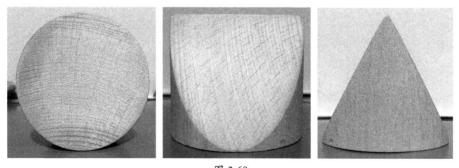

图 3.60

---

[1] 该实物的第二个侧视图不仅仅是一个正方形，其中还带有一条看起来像抛物线的曲线。——译者注

问题 69 的解答

我们先分析两个人的出生日期相同的可能性（不考虑闰年）。也许是 2/365，即大约为 0.5%？我们看看美国前 35 位总统的生日。当得知有两位总统——詹姆斯·K. 波尔克（1795 年 11 月 2 日）和沃伦·哈丁（1865 年 11 月 2 日）的出生日期相同时，你可能会感到十分惊讶。在 35 个随机选择的人中，有两个人的出生日期相同的概率大于 0.8。在 30 个人中，有两个人的出生日期相同的概率大于 0.7。是什么导致了这种不可思议的、违背直觉的结果呢？让我们研究一下这种令人惊讶的情况。

我们首先意识到，这批人中的一个人与他自己的出生日期匹配的概率显然等于 1，可以写成 $\frac{365}{365}$。

这批人中的第二个人与第一个人的生日不匹配的概率为 $\frac{365-1}{365} = \frac{364}{365}$。

这批人的第三个人与第一个人和第二个人的生日不匹配的概率为 $\frac{365-2}{365} = \frac{363}{365}$。

这 35 个人的出生日期都不相同的概率是以上概率的乘积，即 $p = \frac{365}{365} \times \frac{365-1}{365} \times \frac{365-2}{365} \times \cdots \times \frac{365-34}{365}$。

将这批人中至少有两个人的出生日期相同的概率记为 q，这批人中任何两个人的出生日期都不相同的概率记为 p，则 $p + q = 1$。

在这种情况下，可得：

$$q = 1 - \frac{365}{365} \times \frac{365-1}{365} \times \frac{365-2}{365} \times \cdots \times \frac{365-33}{365} \times \frac{365-34}{365} \approx 0.8143832388747152$$

换句话说，在随机选择的 35 个人中，至少有两个人的出生日期相同的概率略大于 $\frac{8}{10}$。当人们认为有 365 个日期可供选择时，这是非常出乎意料的。为了给你更多的惊喜，我们提供了一个概率列表（见表 3.4）。虽然这些概率都是正确的，但是人们可能很难接受。

表 3.4

人数	生日匹配的概率（百分比）
10	11.69%
15	25.29%
20	41.14%
25	56.87%
30	70.63%
35	81.44%
40	89.12%
45	94.10%
50	97.04%
55	98.63%
60	99.41%
65	99.77%
70	99.92%

以上介绍让我们大开眼界。我们不能过度依赖直觉，而应该相信概率，即使它有时似乎违背直觉。

问题 70 的解答

对于那些坚持使用计算器而看不到数学之美的人，我们提供如下结果。

$$\sqrt[9]{9!} = \sqrt[9]{362880} \approx 4.147166274$$
$$\sqrt[10]{10!} = \sqrt[10]{3628800} \approx 4.528728688$$

因此，$\sqrt[9]{9!} < \sqrt[10]{10!}$。

可以用代数方法证明更一般的公式 $\sqrt[n+1]{(n+1)!} > \sqrt[n]{n!}$，下面介绍证明过程。

因为 $\sqrt[n+1]{n+1} > \sqrt[n+1]{n}$，所以 $\sqrt[n+1]{n!(n+1)} > \sqrt[n+1]{n!n}$（不等式两边都乘以 $\sqrt[n+1]{n!}$），即 $\sqrt[n+1]{(n+1)!} > \sqrt[n+1]{n!n}$。

对于 $n>1$，$n^n > n!$，所以 $n > \sqrt[n]{n!}$。

因此，$n!n > n!(n!)^{\frac{1}{n}} = (n!)^{\frac{n+1}{n}}$，$\sqrt[n+1]{n!n} > \sqrt[n]{n!}$。

所以，$\sqrt[n+1]{(n+1)!} > \sqrt[n+1]{n!n} > \sqrt[n]{n!}$。

我们也可以采用分析法更优雅地解决这个问题！我们首先对 $\sqrt[9]{9!}$ 和 $\sqrt[10]{10!}$ 这两项取共同的方次，即 90 次方。

$$(\sqrt[9]{9!})^{90} < ? \ (\sqrt[10]{10!})^{90}$$

$$(9!)^{10} < ?(10!)^{9}$$

$$(9!)^{9} \times 9! < ? \times (9!)^{9} \times 10^{9}$$

$$9! < 10^{9}$$

这实际上是 $362880 < 1000000000$。

因此，$\sqrt[9]{9!} < \sqrt[10]{10!}$。

问题 71 的解答

因为每段圆弧所对的圆心角等于 30°，所以正十二边形的每个顶点均有一个关于圆心对称的顶点。现在让我们考虑 PA 和 PG 的关系，见图 3.61。

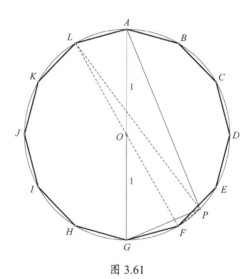

图 3.61

由于 AOG 是圆 O 的一条直径（长度为 2），△ APG 是直角三角形，根据勾股定理可得：$PA^2 + PG^2 = AG^2 = 2^2 = 4$。

同样，由于 △ LPF 是直角三角形，所以 $PL^2 + PF^2 = LF^2 = 2^2 = 4$。

由此可得到正十二边形的各个顶点到点 P 的距离的平方和是 6×4，即 24。

问题 72 的解答

解决这个问题的方法很多，也许最优雅的方法是考虑六个等边三角形中的一个，如图 3.62 所示。当画出这些等边三角形的每一条边上的高时，我们发现每个等边三角形被分成六个面积相等的直角三角形。当观察小正六边形区域（其面积是我们所要计算的）时，我们注意到这六个全等的直角三角形中有两个是阴影区域的一部分，如图 3.63 所示。换句话说，六个等边三角形的三分之一被包含在小正六边形内。因此，小正六边形的面积是大正六边形面积的三分之一。

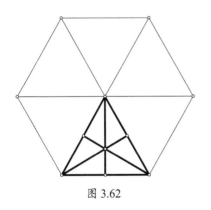

图 3.62

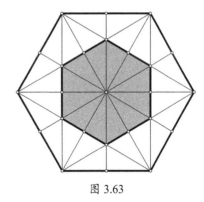

图 3.63

问题 73 的解答

我们好像应该利用三角学来寻找这个三角形的边长之间的关系。然而，由于底边 AB 和其上的高 CD 相等，我们可以把这个等腰三角形放在一个正方形内。然后我们画出图 3.64 所示的直线，每条直线都与 BE 或 AC 平行，并经过正方形各条边的中点或四分点，从而形成图中所示的规范的网格。

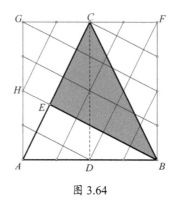

图 3.64

当 *CE* 和 *BE* 的长度分别为 3 和 4 时，我们可以确定直角三角形 *BCE* 的斜边 *BC* 的长度为 5，因此我们巧妙地证明了这个直角三角形的性质，从而避免了大量烦琐的计算。这是一个例子，我们可以从中看到一种优美的解答方法如何显示数学之美。

问题 74 的解答

解决这个问题的传统方法是计算每个数的平方，然后进行加减运算（当然是使用计算器）。一些读者可能会选择将该式子分为两个式子，分别求出它们的结果，然后将两个结果加起来。

序列一：$20^2 + 18^2 + 16^2 + \cdots + 4^2 + 2^2$。

序列二：$-19^2 - 17^2 - 15^2 - \cdots - 3^2 - 1^2$。

我们也可以按照下列方式组织数据：$(20^2 - 19^2) + (18^2 - 17^2) + (16^2 - 15^2) + \cdots + (4^2 - 3^2) + (2^2 - 1^2)$。

对每个括号内的表达式（平方差）进行因式分解，我们得到：$(20 - 19)(20 + 19) + (18 - 17)(18 + 17) + (16 - 15)(16 + 15) + \cdots + (4 - 3)(4 + 3) + (2 - 1)(2 + 1)$。

对于这个表达式中的每一部分，我们观察到第一个括号内的表达式的值都是 1，从而得到：$1 \times (20+19) + 1 \times (18+17) + 1 \times (16+15) + \cdots + 1 \times (4+3) + 1 \times (2+1)$。

起初的复杂的序列现在已经被简化成求自然数 1 到 20 的总和，即 $20+19+18+17+\cdots+4+3+2+1$。

当然，我们只需逐步做加法运算就可以得到答案 210，但在这种情况下采用一些成熟老练的方法就更好了。我们可以采用一种连续数相加的方法，许多数学老师把这种方法归功于德国著名数学家卡尔·弗里德里希·高斯。据说他在童年时比同班的其他同学更快地求出了从 1 到 100 的所有自然数之和，其方法是简单地将第一个数和最后一个数相加，然后将第二个数和倒数第二个数相加，以此类推。由于每一对数的和都是 101，他所要做的就是计算乘积 50×101，由此得到的答案是 5050。

我们可以在这里采用这种方法，将下面的数配对，以求得所需的和。

$$20+1=21$$
$$19+2=21$$
$$18+3=21$$
$$17+4=21$$
$$\cdots\cdots$$
$$11+10=21$$

我们现在有 10 对数，每一对数的和都是 21，因此我们所求的和为 $10 \times 21 = 210$，即 $20^2 - 19^2 + 18^2 - 17^2 + 16^2 - 15^5 + \cdots + 4^2 - 3^2 + 2^2 - 1^2 = 210$。

问题 75 的解答

解决这个问题时，可以考虑极端情况，即"最坏情景"。在选择黑色袜子之前，我们挑选了 8 只蓝色袜子和 6 只绿色袜子，这是最"不幸"的情况。但接下来的两次选择必然是黑色袜子。在这种极端情况下，我们一共挑选了 16 次，才确定挑选到了两只黑袜子。当然，我们可能在此之前已经实现了目标，得到了两只黑色袜子，但这是无法保证的。即使我们随机挑选了 10 只袜子，也不能确保其中有两只黑色袜子。

既然我们知道至少需要 16 次才能确保挑选出两只黑色袜子，那么要保证得到 4

只黑色袜子，需要挑选多少次呢？如果你立即知道答案，那么你就是一个逻辑推理的天才！是的，你只需要再挑选两次，总共挑选 18 次。你已经考虑到了最坏情况，选择了所有其他颜色的袜子和两只黑色袜子，因此下面两次挑选必然能得到两只黑色袜子。

继续讨论如何挑选袜子的问题，我们现在对问题进行适当的修改。抽屉里有 8 只蓝色袜子、6 只绿色袜子和 12 只黑色袜子。为了确保有两只相同颜色的袜子，则最少必须从抽屉里拿出多少只袜子？

乍一看，这个问题与以前的问题相似，然而二者之间存在细微的差别。在这种情况下，我们在寻找一双颜色相同的袜子，任何颜色都可以。我们再次考虑极端情况。最坏的情况是，我们前 3 次挑选了一只蓝色袜子、一只绿色袜子和一只黑色袜子。因此，第四只袜子必然能与前面的袜子配对，而不管它是什么颜色。因此，为了保证有一双相同颜色的袜子，所需的最少挑选次数是 4。

问题 76 的解答

因为可以通过触觉确定是左脚穿的鞋子还是右脚穿的鞋子，所以我们可以从鞋柜里拿出 4 只右脚穿的鞋子。在这种情况下，至少有一只鞋子的颜色与其余的鞋子不同。然后，我们从鞋柜里取一只左脚穿的鞋子，它一定与以前取出的一只右脚穿的鞋子匹配。因此，你必须从鞋柜里拿出 5 只鞋子，才能确保其中有一双相同颜色的鞋子。

为了解决头发问题，我们可根据头发数量来标记每个人。根据大多数人的估计，通常每个人的头上有 10 万到 15 万根头发，最多有 20 万根头发。在最坏的情况下，前 20 万个人的头上有不同数量的头发。纽约市的人口数量超过 800 万，第 200001 个人不得不与前面的 20 万个人中的一个人具有相同数量的头发。因此，纽约市至少有两个人的头上有相同数量的头发。（由于人口如此之多，事实上一定会有更多的重复。）

问题 77 的解答

在不使用计算器的情况下，我们在这些分数中寻找一种模式，其中一种模式如下：$\dfrac{1}{1\times 2}+\dfrac{1}{2\times 3}+\dfrac{1}{3\times 4}+\cdots+\dfrac{1}{49\times 50}$。

我们现在检查部分项的和，看看是否有模式出现。

$$\dfrac{1}{1\times 2}=\dfrac{1}{2}$$

$$\dfrac{1}{1\times 2}+\dfrac{1}{2\times 3}=\dfrac{2}{3}$$

$$\dfrac{1}{1\times 2}+\dfrac{1}{2\times 3}+\dfrac{1}{3\times 4}=\dfrac{3}{4}$$

$$\dfrac{1}{1\times 2}+\dfrac{1}{2\times 3}+\dfrac{1}{3\times 4}+\dfrac{1}{4\times 5}=\dfrac{4}{5}$$

现在你应该注意到一种模式，其中每个数列的和与最后一个分数相关，最后一个分数的分母的两个因数分别是和的分子和分母。本题给定数列中的最后一个分数的两个因数是 49 和 50，这将决定表示该数列之和的分数。

$$\dfrac{1}{1\times 2}+\dfrac{1}{2\times 3}+\dfrac{1}{3\times 4}+\cdots+\dfrac{1}{49\times 50}=\dfrac{49}{50}$$

问题 78 的解答

我们首先认识到：

$$\dfrac{1}{2}<\dfrac{2}{3}$$

$$\dfrac{3}{4}<\dfrac{4}{5}$$

$$\dfrac{5}{6}<\dfrac{6}{7}$$

$$\dfrac{7}{8}<\dfrac{8}{9}$$

$$\cdots\cdots$$

$$\dfrac{99}{100}<\dfrac{100}{101}$$

把这些不等式的两边分别相乘，得到如下不等式：

$$\frac{1}{2} \times \frac{3}{4} \times \frac{5}{6} \times \frac{7}{8} \times \cdots \times \frac{99}{100} < \frac{2}{3} \times \frac{4}{5} \times \frac{6}{7} \times \frac{8}{9} \times \cdots \times \frac{100}{101}$$

令 $X = \frac{1}{2} \times \frac{3}{4} \times \frac{5}{6} \times \frac{7}{8} \times \cdots \times \frac{99}{100}$，将上述不等式两边同时乘以 X，得到：

$$X^2 = \left(\frac{1}{2} \times \frac{3}{4} \times \frac{5}{6} \times \frac{7}{8} \times \cdots \times \frac{99}{100}\right)^2 < \left(\frac{1}{2} \times \frac{3}{4} \times \frac{5}{6} \times \frac{7}{8} \times \cdots \times \frac{99}{100}\right)$$

$$\times \left(\frac{2}{3} \times \frac{4}{5} \times \frac{6}{7} \times \frac{8}{9} \times \cdots \times \frac{100}{101}\right)$$

$$= \frac{1}{2} \times \frac{2}{3} \times \frac{3}{4} \times \frac{4}{5} \times \frac{5}{6} \times \frac{6}{7} \times \frac{7}{8} \times \frac{8}{9} \times \cdots \times \frac{99}{100} \times \frac{100}{101} = \frac{1}{101}$$

由于 $X^2 < \frac{1}{101} < \frac{1}{100}$，所以 $X < \frac{1}{10}$。

问题 79 的解答

许多人会假设两根指针在 4:20 左右重叠。经过一番思考，我们应该意识到，到了 4:20，时针就会离开 4 点的位置，所以以重叠发生在 4:20 之后的某个时候。事实上，每隔 12 分钟，时针就会沿着钟面转动 1 分钟的刻度。所以，二者要在 4:12 到 4:24 之间出现重叠，时针就必须位于 4:21 和 4:22 之间。这个问题可以用与代数教科书中处理匀速运动问题（一辆车追上另一辆车）相同的方法来解决。然而，这里的距离是以分钟刻度来衡量的，而不是以英里为单位。时针每小时移动 5 分钟刻度，而分针每小时移动 60 分钟刻度。我们需要确定分针追赶上时针所需要的分钟刻度。让我们把这个所需的距离记为 d，因此分针追赶上时针所需的时间是该距离除以分针的速度，即 $\frac{d}{60}$。在这段相同的时间内，时针所走的距离为 $\frac{d-20}{5}$ [1]。由于时间相等，我们得到方程 $\frac{d}{60} = \frac{d-20}{5}$，解得 $d = \frac{12}{11} \times 20 = 21\frac{9}{11}$。因此，两根指针重叠的准确时间应该是 $4:21\frac{9}{11}$。

----

[1] 这里表示时针所花费的时间，时针所走的距离应该是 $d-20$。——译者注

也许更简单的方法是将分数 $\frac{12}{11}$ 作为一种 "魔法乘数"，也就是说，如果我们想找到一个想要的位置，比如在 7 点之后，只需让时针保持静止，允许分针移动到所需的位置（在这种情况下，是 35 分钟的刻度），然后将这个数字乘以 $\frac{12}{11}$，便可得到确切的重叠时间。在这种情况下，重叠时间是 $7:38\frac{2}{11}$。

利用这种方法，我们发现重叠现象发生在 $1:05\frac{5}{11}$，$2:10\frac{10}{11}$，$3:16\frac{4}{11}$，以此类推。你现在应该注意到一种模式了。为了证明这种方法的合理性，想想正午时分的指针。在接下来的 12 小时里，时针转动一圈，而分针转动 12 圈。分针与时针重合 11 次，重合时间包括午夜，但不包括正午，因为我们从正午时刻开始计数。随着两根指针匀速旋转，它们每 $\frac{12}{11}$ 小时重叠一次，或每 $65\frac{5}{11}$ 分钟重叠一次。

你可以提出类似的问题，例如找到 5 点钟之后时针和分针互相垂直的准确时刻。你所需要做的就是将分针转动到所需的位置，而不需要时针转动，然后使用 $\frac{12}{11}$ 这个校正因子。将分针转动的分钟数乘以 $\frac{12}{11}$，我们就得到了两根指针相互垂直的确切时间。在这种情况下，结果为 $10\times\frac{12}{11}=10\frac{10}{11}$，这意味着在 5 点钟以后两根指针相互垂直的确切时间为 $5:10\frac{10}{11}$。

问题 80 的解答

在 12 小时的周期内，分针转动 12 圈，因此它与时针重叠 11 次。这两根指针重叠的时间点按时钟表盘周长的 $\frac{1}{11}$ 等间距排列。同理，分针和秒针在时钟表盘上的 59 个等分位置重叠。因为 11 和 59 都是质数，它们没有大于 1 的公约数，因此时钟的三根指针绝不会重叠，除非是在 12 点钟。

在图 3.65 中，正十一边形的顶点（较大的空心圆点）表示时针和分针重叠的位置。较小的空心圆点是正五十九边形的顶点，表示分针和秒针重叠的位置。你可以看到，除了 12 点钟之外，三根指针不会重叠。

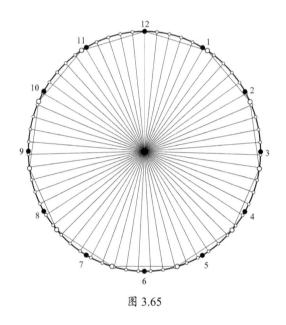

图 3.65

问题 81 的解答

我们总是被教导，为了计算盒子的体积，我们需要知道盒子的尺寸，也就是说我们需要知道盒子的宽度（w）、长度（l）和高度（h）。这要求我们建立一个由三个方程组成的方程组，其中每个方程代表三个侧面中一个的面积。我们通过解方程组，求出这三个尺寸，然后将它们相乘得到体积。这是求盒子的体积的直接方法。

根据已知条件，有：

$$w \cdot l = 165$$
$$w \cdot h = 176$$
$$l \cdot h = 540$$

解这个方程组，我们得到 $w = \dfrac{22}{3}$，$l = \dfrac{45}{2}$，$h = 24$。因此，盒子的体积为：

$$w \cdot l \cdot h = \dfrac{22}{3} \times \dfrac{45}{2} \times 24 = 3960 \text{ 立方英寸。}$$

我们可以从另一个角度求出体积。这道题没有要求计算单个维度的尺寸 w、l 和 h。因此，我们可以看看所要求的究竟是什么，然后看看这是否有助于我们避免求单个尺寸。体积是长度、宽度和高度的乘积，因此有：

$$V = w \cdot l \cdot h$$
$$V^2 = (w \cdot l \cdot h) \cdot (w \cdot l \cdot h)$$
$$V^2 = (w \cdot l) \cdot (w \cdot h) \cdot (l \cdot h)$$

我们现在有一个公式，它仅仅要求我们提供这道题最初给出的信息，所以事情变得相当简单。

$$V^2 = 165 \times 176 \times 540 = (3 \times 5 \times 11) \times (2^4 \times 11) \times (2^2 \times 3^3 \times 2^4 \times 5) = 2^6 \times 3^4 \times 5^2 \times 11^2$$

$$V = \sqrt{2^6 \times 3^4 \times 5^2 \times 11^2} = 2^3 \times 3^2 \times 5 \times 11 = 8 \times 9 \times 5 \times 11 = 99 \times 8 \times 5 = 792 \times 5$$
$$= 7920 \div 2 = 3960$$

问题 82 的解答

为了解决这个问题，我们只需要将原式两边连续乘以 4。

将 $\dfrac{1}{4}\left\{\dfrac{1}{4}\left[\dfrac{1}{4}\left(\dfrac{1}{4}x - \dfrac{1}{4}\right) - \dfrac{1}{4}\right] - \dfrac{1}{4}\right\} - \dfrac{1}{4} = 0$ 的两边乘以 4，我们得到 $\left\{\dfrac{1}{4}\left[\dfrac{1}{4}\left(\dfrac{1}{4}x - \dfrac{1}{4}\right)\right.\right.$ $\left.\left. - \dfrac{1}{4}\right] - \dfrac{1}{4}\right\} - 1 = 0$。然后，在该式的两边连续乘以 4，依次得到：

$$\left[\dfrac{1}{4}\left(\dfrac{1}{4}x - \dfrac{1}{4}\right) - \dfrac{1}{4}\right] - 1 - 4 = 0$$

$$\left(\dfrac{1}{4}x - \dfrac{1}{4}\right) - 1 - 4 - 16 = 0$$

$$x - 1 - 4 - 16 - 64 = 0$$

$$x - 85 = 0$$

因此，$x = 85$。

这个问题乍一看很吓人，但系统的解决方法使问题逐步变得简单。

问题 83 的解答

我们对这些项进行配对并计算它们的值，一步步往下做，每一步都是不言自明的。

$$\tan 15° \times \tan 75° = \tan 15° \times \tan(90° - 15°) = \tan 15° \times \cot 15° = \tan 15° \times \frac{1}{\tan 15°} = 1$$

$$\tan 30° \times \tan 60° = \tan 30° \times \tan(90° - 30°) = \tan 30° \times \cot 30°$$

$$= \tan 30° \times \frac{1}{\tan 30°} = 1$$

$$\tan 45° = 1$$

$\tan 15° \times \tan 30° \times \tan 45° \times \tan 60° \times \tan 75° = (\tan 15° \times \tan 75°) \times (\tan 30° \times \tan 60°) \times$

$\tan 45° = 1 \times 1 \times 1 = 1$。问题解决了——通过有意思的配对。

问题 84 的解答

大多数人在面对这个问题时会说答案是 $\frac{1}{8}$，因为正八边形有 8 条边。但这是一个错误的答案！

正确答案是 $\frac{1}{4}$。

如图 3.66 所示，设点 M 是正八边形的中心，然后绘制相关辅助线。此时，可以通过分析 $\triangle AMB$ 来优雅地获得正确答案，其面积显然是正八边形面积的 $\frac{1}{8}$。设 $\triangle AMB$ 的高为 r，我们很容易看到 $\triangle ACB$ 的高为 $2r$。因为这两个三角形有相同的底 AB，所以我们可以得出 $\triangle ACB$ 的面积是 $\triangle AMB$ 的面积的两倍。

如图 3.67 所示，矩形的面积是 $\triangle ABC$ 的面积的两倍，是正八边形的面积的一半。

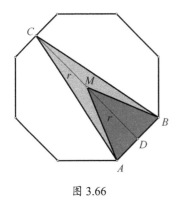

图 3.66

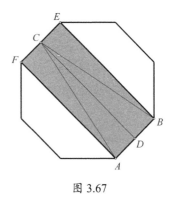

图 3.67

问题 85 的解答

通过观察,你可能会注意到这个数列中有一些熟悉的模式,即 2 的方幂和 3 的方幂。

- 　1,　4,　8,　16,　32,　64,　…
- 　1,　3,　9,　27,　81,　…

然而,在这个数列中还有其他数字没有被包含进来,例如 6,12,18,…。稍加思考,我们注意到它们都是 2 的方幂和 3 的方幂的乘积,可以表示为:$2^m \cdot 3^n$,其中 $m > 0$,$n > 0$。顺便说一句,这些数叫作 "3-光滑数",因为它们是没有质因数大于 3 的数。

一般地,整数是一个 k – 光滑数,如果它没有大于 k 的质因数。

问题 86 的解答

当我们面对这个问题时,一个自然的反应是尝试多米诺骨牌的一些放置模式。不久之后,挫折感便开始出现,因为这种方法不可能成功。

仔细阅读这个问题,我们发现它没有说如何完全覆盖棋盘,只是问是否可以实现这种覆盖。由于我们接受训练的方式,这个问题往往被误解为 "实现完全覆盖"。

一点洞察力有助于解决问题。我们问自己一个问题:当一枚多米诺骨牌被放置在棋盘上时，什么样的方格被覆盖？回答是：一个黑色方格和一个紧挨着它的白色方格必须被置在棋盘上的一枚多米诺骨牌覆盖。移除两个方格后的棋盘上是否有相等数量的黑、白方格呢？不！黑色方格比白色方格少两个。因此，不可能用 31 枚多米诺骨牌覆盖此时的棋盘，因为如果要覆盖，则必须有相同数量的黑、白方格。

问题 87 的解答

考虑在给定条件下离开山洞的所有可能的组合非常耗时。因此，明智地组织数据以制定适当的策略是可取的。

只有在 A 和 B 一起走的情况下（这涵盖了最长的两个时段），这四个人才有可能在规定的 12 小时内全部离开洞穴。也就是说，只有当两个最慢的人一起走时，所有人全部离开山洞的时间才最短（见表 3.5）。

表 3.5

山洞内的人	行走者	到达洞口的人	时间（小时）
A、B、C、D	C、D	C、D	2
A、B、D	D	C、D	1
A、B、D	A、B	A、B、C	5
C、D	C	A、B、C	2
C、D	C、D	C、D	2
合计			12

如果用各人行走的时间来代替他们，我们就可以得到以下结果（见表 3.6）。

表 3.6

山洞内的人	行走者	到达洞口的人	时间（小时）
1，2，4，5	—	—	—
4，5	1，2→	—	2
4，5	—	1，2	
4，5	1←	2	1
1，4，5	—	2	

续表

山洞内的人	行走者	到达洞口的人	时间（小时）
1	4, 5→	2	5
1	—	2, 4, 5	—
1	2←	4, 5	2
1, 2	—	4, 5	—
—	1, 2→	1, 2→	2
—	—	1, 2, 4, 5	—
合计			12

问题 88 的解答

农民解决这个问题的方法是列出由 975 的各位数字构成的所有数，它们分别是 579，597，759，795，957，975。我们要做的就是把这些数加起来，它们的总和是 4662。

诗人处理这个问题的奇怪方法是注意到每个数字必然在每个数位上出现两次。因此，这些数的个位、十位和百位数字之和都等于 21（即 9＋7＋5）[1]。我们可以由此得到所需的总和：

$$579 + 597 + 759 + 795 + 957 + 975$$
$$= (5 \times 100 + 7 \times 10 + 9) + (5 \times 100 + 9 \times 10 + 7) + (7 \times 100 + 5 \times 10 + 9)$$
$$\quad + (7 \times 100 + 9 \times 10 + 5) + (9 \times 100 + 5 \times 10 + 7) + (9 \times 100 + 7 \times 10 + 5)$$
$$= (5 \times 100 + 5 \times 100 + 7 \times 100 + 7 \times 100 + 9 \times 100 + 9 \times 100)$$
$$\quad + (7 \times 10 + 9 \times 10 + 5 \times 10 + 9 \times 10 + 5 \times 10 + 7 \times 10)$$
$$\quad + (9 + 7 + 5 + 9 + 5 + 7)$$
$$= 2 \times (5 + 7 + 9) \times 100 + 2 \times (5 + 7 + 9) \times 10 + 2 \times (5 + 7 + 9)$$
$$= 42 \times 100 + 42 \times 10 + 42$$
$$= 4662$$

---

[1] 此处应该是 21 的两倍，即 42。——译者注

问题 89 的解答

这个问题表明逻辑思维还有另一个维度，而不是寻找算术或代数工具。这里的算法只是根据每个数字的形状所包含的圆圈的数目给它们分配一个数字（见表 3.7）。例如，8 有两个圆圈，因此我们将数字 2 分配给它。尽管这看起来很傻，但是这种算法已经用在密码学中。

表 3.7

数字	0	1	2	3	4	5	6	7	8	9
圆圈的个数	1	0	0	0	0	0	1	0	2	1

第**4**章 ▶▶▶

奇妙的平均数

集中趋势的度量——从几何学的角度看

在统计学中，我们经常使用集中趋势的度量，比如算术平均数（通常就叫作平均数）、几何平均数和调和平均数等。人们对它们的了解可以追溯到古代。凯尔基斯的历史学家杨布里科斯（约公元 250—330）报告说，毕达哥拉斯在访问美索不达米亚后，他向其追随者介绍了这三种衡量集中趋势的方法。这可能是它们经常被称为毕达哥拉斯平均的原因之一。我们倾向于在统计分析中使用这些方法，但是当我们检查它们并对它们进行几何比较时，发现了一些相当有价值的结论。

我们首先介绍两个数 a 和 b 的这三种平均数。

① 算术平均数：$AM(a, b) = a Ⓐ b = \dfrac{a+b}{2}$。

② 几何平均数：$GM(a, b) = a Ⓖ b = \sqrt{a \cdot b}$。

③ 调和平均数：$HM(a, b) = a Ⓗ b = \dfrac{2}{\dfrac{1}{a} + \dfrac{1}{b}} = \dfrac{2ab}{a+b}$。

算术平均数

在比较这些衡量集中趋势的指标或者平均数之前，我们应该看看它们实际上代表了什么。算术平均数只是分析数据时常用的"平均数"，它等于各个数的总和除以它们的个数。如果我们想计算 30 和 60 的算术平均数，那么我们就可以用它们的和 90 除以 2，得到 45。

我们也可以看到，算术平均数是等差数列（相邻两项的差相等，如 2，4，6，8，10）的中位数。为了得到算术平均数，我们用被平均的所有数的和除以它们的个数。这里有 $\frac{2+4+6+8+10}{5}=\frac{30}{5}=6$。正如我们所预料的，算术平均数 6 恰好是这个数列的中位数。

调和平均数

对于一个等差数列（如 1，2，3，4，5），如果取各项的倒数，我们就会得到一个调和数列（如 1，$\frac{1}{2}$，$\frac{1}{3}$，$\frac{1}{4}$，$\frac{1}{5}$）。我们可以通过调和平均数是各个数的倒数的算术平均数的倒数来将调和平均数与算术平均数联系起来。

为了得到给定数列 1，2，3，4，5 的调和平均数 HM（1，2，3，4，5），我们首先找到倒数数列的算术平均数 AM（1，$\frac{1}{2}$，$\frac{1}{3}$，$\frac{1}{4}$，$\frac{1}{5}$）。

$$AM\left(1, \frac{1}{2}, \frac{1}{3}, \frac{1}{4}, \frac{1}{5}\right) = \frac{1+\frac{1}{2}+\frac{1}{3}+\frac{1}{4}+\frac{1}{5}}{5} = \frac{\frac{60+30+20+15+12}{60}}{5}$$

$$= \frac{\frac{137}{60}}{5} = \frac{137}{300}(\approx 0.457)$$

再取倒数，我们就得到了调和平均数：

$$HM(1,\ 2,\ 3,\ 4,\ 5) = \frac{300}{137}(\approx 2.19)$$

表示这一过程的另一种方式为：

$$HM(1,\ 2,\ 3,\ 4,\ 5) = \frac{1}{AM\left(1,\ \dfrac{1}{2},\ \dfrac{1}{3},\ \dfrac{1}{4},\ \dfrac{1}{5}\right)} = \frac{1}{\dfrac{1 + \dfrac{1}{2} + \dfrac{1}{3} + \dfrac{1}{4} + \dfrac{1}{5}}{5}} = \frac{5}{1 + \dfrac{1}{2} + \dfrac{1}{3} + \dfrac{1}{4} + \dfrac{1}{5}}$$

$$= \frac{300}{137}(\approx 2.19)$$

调和平均数的特别有用之处在于计算平均速度，例如往返旅程的平均速度。假设你以 30 英里/小时的速度前进，然后以 60 英里/小时的速度沿着同样的路线返回出发地。你可能试图简单地计算算术平均数，$\dfrac{30+60}{2} = 45$ 英里/小时。这是不正确的。我们应该采用调和平均数，计算这两个速度的倒数的算术平均数的倒数，即

$$\frac{1}{\dfrac{\dfrac{1}{30} + \dfrac{1}{60}}{2}} = \frac{2}{\dfrac{1}{30} + \dfrac{1}{60}} = \frac{2}{\dfrac{2}{60}} = \frac{120}{3} = 40 \ 。$$

当然，我们也可以使用公式 $\dfrac{1}{\dfrac{\dfrac{1}{a} + \dfrac{1}{b}}{2}} = \dfrac{2ab}{a+b}$ 进行计算。

几何平均数

几何平均数的名称来自其简单的几何解释。当考虑到直角三角形的斜边上的高时，我们就看到了几何平均数的一个相当普遍的应用。在图 4.1 中，CD 是直角三角形 ABC 的斜边 AB 上的高。

由三角形的相似性（$\triangle ADC \sim \triangle CDB$），我们得到 $\dfrac{AD}{CD} = \dfrac{CD}{DB}$，即 $\dfrac{p}{h} = \dfrac{h}{q}$。因此，$h = \sqrt{pq}$，即 h 正好是 p 和 q 的几何平均数。

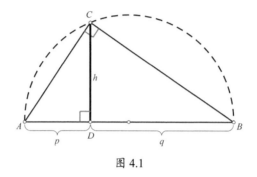

图 4.1

几何平均数也是等比数列的中位数，下面以几何数列 2，4，8，16，32 为例进行介绍。为了求这五个数的几何平均数，我们需要求它们的乘积的五次根：$\sqrt[5]{2\times4\times8\times16\times32}=\sqrt[5]{32768}=8$，即为该数列的中位数。这样的数列应该包含奇数个项，以便存在中位数。

在用一些不寻常的几何方法比较这三种平均数的大小之前，我们将展示如何使用简单的代数方法来比较它们的大小。

对于两个非负数 a 和 b，有：

$$(a-b)^2 \geqslant 0$$
$$a^2-2ab+b^2 \geqslant 0$$

将 $4ab$ 加到上式的两边，可得：

$$a^2+2ab+b^2 \geqslant 4ab$$
$$(a+b)^2 \geqslant 4ab$$

两边同时取非负平方根：

$$a+b \geqslant 2\sqrt{ab}$$
$$\frac{a+b}{2} \geqslant \sqrt{ab}$$

这意味着两个数 a 和 b 的算术平均数大于或等于它们的几何平均数（只有当 $a=b$ 时，二者才相等）。继续进行推导，我们将得到下一个所期望的结果，用以比较几何平均数和调和平均数。

对于两个非负数 a 和 b，设 $a+b \geqslant 0$，则有：

$$(a-b)^2 \geqslant 0$$
$$a^2 - 2ab + b^2 \geqslant 0$$

两边同时加上 $4ab$，可得：

$$a^2 + 2ab + b^2 \geqslant 4ab$$
$$(a+b)^2 \geqslant 4ab$$

两边同时乘以 ab，则有：

$$ab(a+b)^2 \geqslant 4a^2b^2$$

两边同时除以 $(a+b)^2$，则有：

$$ab \geqslant \frac{4a^2b^2}{(a+b)^2}$$

两边取正的平方根，则有

$$\sqrt{ab} \geqslant \frac{2ab}{a+b}$$

这告诉我们，两个数 a 和 b 的几何平均数大于或等于它们的调和平均数（当其中一个数字为零或者 $a=b$ 时，等式成立）。

因此，我们可以得到以下结论：算术平均数≥几何平均数≥调和平均数。

从几何角度比较三种平均数——通过直角三角形

古希腊人知道如何比较这三种平均数的相对大小，正如我们在亚历山大的帕普斯（约公元 250—350）的著作中所发现的那样。我们现在考虑各种方式，通过简单的几何关系比较这些平均数的相对大小。

图 4.2 中有一个直角三角形，其斜边被高划分成长度分别为 a 和 b 的两段，$a \leqslant b$。这里，我们展示了可以表示这三种平均数的线段，从中可以"看到"它们的相对大小，即 $a \boxplus b \leqslant a \boxed{G} b \leqslant a \boxed{A} b$。

为了证明我们的视觉观察是正确的，我们首先看图 4.3，其中 CE 是直角三角形 CED 的一条直角边，因此，$CE \leqslant CD$。由于 $\triangle ABC$ 的外接圆的半径比 $\triangle ABC$ 的斜边上的高要长（二者至少相等），所以我们有 $CD \leqslant MB$。结合这些不等式，我们得到了 $CE \leqslant CD \leqslant MB$。我们的任务是证明这三条线段实际上代表 a 和 b 的三种平均数。

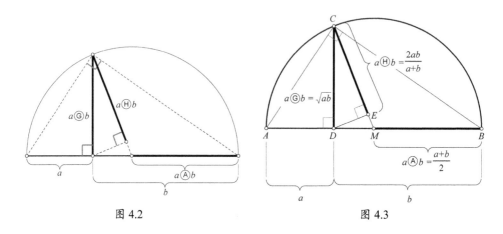

图 4.2   图 4.3

首先，我们知道 AB 是圆心在点 M 的圆的一条直径，因此其半径为 $MA = MB = MC = \dfrac{a+b}{2}$，这是 a 和 b 的算术平均数。

为了找到 a 和 b 的几何平均数，我们看看直角三角形 ABC 的斜边上的高 CD，它将直角三角形分成两个相似的三角形（$\triangle ADC \sim \triangle CDB$），因此 $\dfrac{a}{CD} = \dfrac{CD}{b}$，即 $CD^2 = ab$。因此，$CD = \sqrt{ab}$，这是 a 和 b 的几何平均数。

根据 $\triangle CDM \sim \triangle ECD$，我们可以得到 $CD^2 = MC \cdot CE$，即 $CE = \dfrac{CD^2}{CM} = \dfrac{ab}{\dfrac{a+b}{2}} = \dfrac{2ab}{a+b}$，这是调和平均数。现在我们分析了大小关系为 $CE \leqslant CD \leqslant MB$ 的三条线段如何表示 a 和 b 的各种平均数，从几何上证明了 $\dfrac{2ab}{a+b} \leqslant \sqrt{ab} \leqslant \dfrac{a+b}{2}$。

有些人可能会注意到 $ab = \dfrac{a+b}{2} \times \dfrac{2ab}{a+b}$，因此，我们可以建立将三种平均数联系在一起的另一种关系：

$$GM(a, b)^2 = AM(a, b) \cdot HM(a, b) \,^{[1]}$$

或者换一种写法：$(a\textcircled{G}b)^2 = (a\textcircled{A}b) \cdot (a\textcircled{H}b)$

通过进一步简单的代数操作，我们可以得到以下关系：$\dfrac{a}{\dfrac{a+b}{2}} = \dfrac{2a}{a+b} =$

$\dfrac{2ab}{(a+b) \cdot b} = \dfrac{2ab}{(a+b)} \cdot \dfrac{1}{b} = \dfrac{\dfrac{2ab}{a+b}}{b}$。这再次表明 $\dfrac{a}{AM(a, \; b)} = \dfrac{HM(a, \; b)}{b}$。我们在图 4.4

中从几何上表示了这种关系。

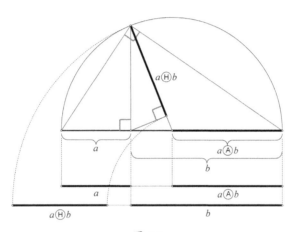

图 4.4

显然，这些平均数可以应用于两个以上的值。例如，三个数的平均数为：

$$AM(a, \;\; b, \;\; c) = \frac{a+b+c}{3}$$

$$GM(a, \;\; b, \;\; c) = \sqrt[3]{abc}$$

$$HM(a, \;\; b, \;\; c) = \frac{3}{\dfrac{1}{a} + \dfrac{1}{b} + \dfrac{1}{c}} = \frac{3abc}{ab+ac+bc}$$

外推法将用到多个数的各种平均数。

---

[1] 两边开方，意思更清楚，就是几何平均数恰好等于调和平均数与算术平均数的几何平均数。——译者注

从几何角度比较三种平均数——通过矩形

有一些奇妙的几何方式可以用来比较各种平均数。例如，如果想要更多的证据来证明几何平均数总是小于或等于算术平均数，那么我们就可以参考图 4.5，其中有一个长和宽分别为 a 和 b 的矩形，还有一个边长为 $\dfrac{a+b}{2}$（这是 a 和 b 的算术平均数）的正方形。

该矩形的面积是 $A_R = ab$，而正方形的面积是 $A_S = \left(\dfrac{a+b}{2}\right)^2$。可以证明，当正方形和矩形具有相同的周长——它们的周长为 $2(a+b)$ 时，正方形的面积总是大于矩形的面积。因此，$\left(\dfrac{a+b}{2}\right)^2 \geqslant ab$。取不等式两边的平方根，我们得到 $\sqrt{ab} \leqslant \dfrac{a+b}{2}$。这就是我们想要证明的结论，即几何平均数小于或等于算术平均数。

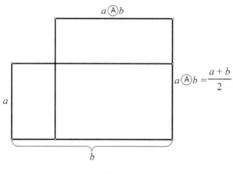

图 4.5

上面已经比较了三种最常见的平均数，我们现在介绍第四种平均数。

这种新的平均数称为均方根，我们可以将其表示为 $RMS(a,\ b) = a \text{Ⓡ} b = \sqrt{\dfrac{a^2+b^2}{2}}$。统计学家发明的这种平均数可以用来描述包括负数在内的一些数的集中趋势。为了忽略这些数的负号，我们计算每个数的平方，再取这些平方的算术平均数的平方根。例如，为了得到数列-10，-4，-3，2，5，7，9的均方根，可进行如下计算：

$$\sqrt{\frac{(-10)^2 + (-4)^2 + (-3)^2 + 2^2 + 5^2 + 7^2 + 9^2}{7}} = \sqrt{\frac{284}{7}} \approx 6.37$$

让我们从几何的角度来考察这种新的平均数，将它与其他三种平均数进行比较。我们从两个数的均方根开始，比较它与我们先前定义的平均数。我们希望这会带来一些令人惊讶的结果。

在图 4.6 中，我们构造了一个以直角三角形 *BDE* 的斜边的长度 *c* 为边长的正方形。将勾股定理应用于这个直角三角形，我们得到 $c^2 = a^2 + b^2$。正方形的对角线的长度为 $d = \sqrt{c^2 + c^2} = \sqrt{2}c$。因此，正方形的对角线长度的一半是 $\dfrac{d}{2} = \dfrac{\sqrt{2}}{2} \times \sqrt{a^2 + b^2} = \sqrt{\dfrac{a^2 + b^2}{2}}$，即 $\dfrac{d}{2}$ 是 *a* 和 *b* 的均方根。

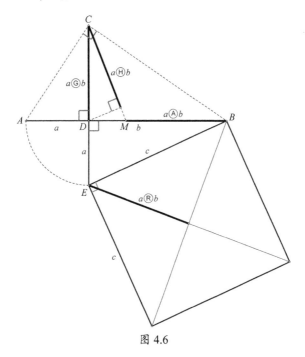

图 4.6

现在我们已经确定了一条长度等于均方根的线段，接下来我们开始比较四种平均数的大小。图 4.7 显示了以线段 *AB* 为斜边的直角三角形 *ABC* 及其外接半圆，$AB = AD + DB = a + b$，半圆的半径为 $a \, Ⓐ \, b$。

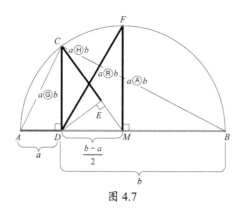

图 4.7

此外，$DM = DB - MB = b - \dfrac{a+b}{2} = \dfrac{b-a}{2}$。根据勾股定理，我们得到：

$$\sqrt{\left(\frac{a+b}{2}\right)^2 + \left(\frac{b-a}{2}\right)^2} = \sqrt{\frac{a^2 + 2ab + b^2 + b^2 - 2ab + a^2}{4}} = \sqrt{\frac{2a^2 + 2b^2}{4}} = \sqrt{\frac{a^2 + b^2}{2}}$$

$$= RMS(a, \ b) = a \ Ⓡ \ b$$

在图 4.7 中，我们可以清楚地看到，$a \, Ⓡ \, b$ 大于 $a \, Ⓐ \, b$，因此 $a \, Ⓡ \, b$ 大于 $a \, Ⓖ \, b$，进而大于 $a \, Ⓗ \, b$，即 $FD > FM > CD > CE$。用符号表示时，则有 $a \, Ⓡ \, b > a \, Ⓐ \, b > a \, Ⓖ \, b > a \, Ⓗ \, b$。只有当 $a = b$ 时，这些平均数才相等。

这种几何方式给这些平均数赋予了直观的意义，否则这些概念太抽象，它们之间的关系也许难以令人信服。

另一种观点

人们常说，一幅图胜过千言万语。在接下来的几个图中，我们可以通过将矩形和正方形移动到不同的位置来比较前面介绍的几种平均数，这在本质上是以另一种方式证明它们的大小关系。这是由伊莱·莫尔（1938—）以一种非常聪明和清晰的方式提出的，我们不加任何文字说明，因为图形就能告诉我们一切。

我们从周长是 $2(a+b)$ 的两个四边形开始介绍。为了从长和宽分别为 a 和 b 的矩形中得到算术平均数的几何解释，我们利用图 4.8，其中有一个边长为 $a \, Ⓐ \, b$ 的正方形。

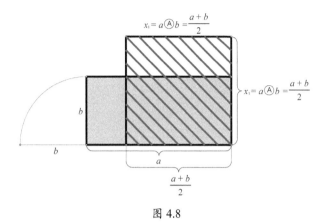

图 4.8

如何得到几何平均数？从一个长和宽分别为 a 和 b 的矩形出发，构造一个与其面积相等的正方形，其边长就是几何平均数，即 $x_2 = a\,\text{ⓖ}\,b$ ，如图 4.9 所示。我们可以清楚地看到，算术平均数 $\dfrac{a+b}{2}$ 大于几何平均数 $\sqrt{ab}$ ，因为正方形的边明显短于大半圆的半径。

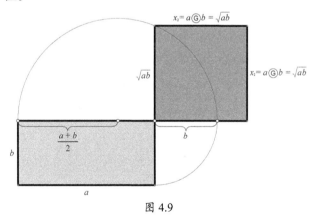

图 4.9

在图 4.10 中，调和平均数是由长和宽分别为 a 和 b 的矩形所产生的正方形的边长，即 $x_3 = a\,\text{Ⓗ}\,b = \dfrac{2}{\dfrac{1}{a}+\dfrac{1}{b}} = \dfrac{2ab}{a+b}$ 。图形再一次让我们非常清楚地看到，代表调和平均数的正方形的边长短于代表算术平均数的大半圆的半径。

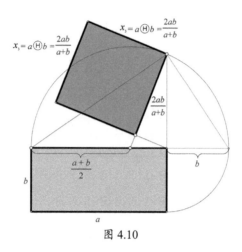

图 4.10

均方根在图 4.11 中显示为正方形的边长,这再次基于长和宽分别为 a 和 b 的矩形的尺寸。正方形的边长为 $x_4 = a\,Ⓡ\,b = \sqrt{a^2+b^2}$,它是 a 和 b 的均方根。我们可以看到,图 4.11 中的正方形的一条边也是一个直角三角形的斜边,该直角三角形的一条直角边是大半圆的半径,其长度正好是 a 和 b 的算术平均数。因此,图 4.11(其中 $d_S = d_R$)显示了均方根大于算术平均数。

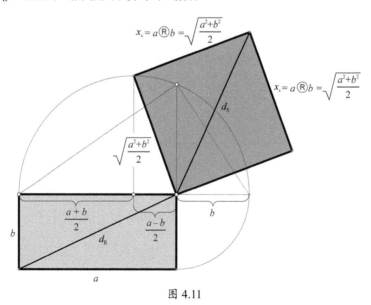

图 4.11

通过双曲线比较平均数

我们从笛卡儿平面开始，考虑双曲线的正的分支，它的方程是 $y = \dfrac{1}{x}$（见图 4.12）。我们对双曲线上的两个点特别感兴趣：$A(a, \dfrac{1}{a})$ 和 $B(b, \dfrac{1}{b})$，其中 $a < b$。

由于 M 是线段 AB 的中点，我们得到 $x_M = \dfrac{a+b}{2} = a \text{Ⓐ} b = AM(a,\ b)$，即 x_M 是 a 和 b 的算术平均数。沿着 y 轴，我们得到 $y_M = \dfrac{\dfrac{1}{a}+\dfrac{1}{b}}{2} = \dfrac{a+b}{2ab} = \dfrac{1}{HM(a,\ b)}$。

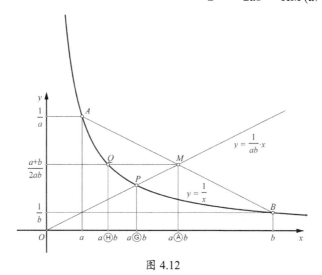

图 4.12

考虑直线 OM，其斜率为 $\dfrac{y_M}{x_M} = \dfrac{\dfrac{a+b}{2ab}}{\dfrac{a+b}{2}} = \dfrac{1}{ab}$，我们由此得到它的方程为 $y = \dfrac{1}{ab} \cdot x$。注意，直线 OM 与双曲线 $y = \dfrac{1}{x}$ 相交于点 P。因此，$\dfrac{1}{ab} \cdot x = \dfrac{1}{x}$，我们得到 $x_P = \sqrt{ab}$，这是几何平均数 $GM(a,\ b) = a \text{Ⓖ} b$。（注意，$y_P = \dfrac{1}{\sqrt{ab}}$。）

当寻求调和平均数的几何表示（见图 4.12）时，我们注意到通过点 M 且平行于 x 轴的直线与 $y = \dfrac{1}{x}$ 相交于点 Q。这决定了 $y_Q = \dfrac{a+b}{2ab}$，因此，$y_Q = \dfrac{a+b}{2ab} = \dfrac{1}{x_Q}$，即 $x_Q = \dfrac{2ab}{a+b}$。这就是 a 和 b 的调和平均数 $HM(a,\ b) = a \,Ⓗ\, b$。

为了寻求均方根 $RMS(a,\ b) = a \,Ⓡ\, b = \sqrt{\dfrac{a^2 + b^2}{2}}$ 的几何解释，我们参考图 4.13，其中 R 是圆心为原点 O、半径为 $a \,Ⓐ\, b$ 的圆与通过点 P 且平行于 y 轴的直线 $x = a \,Ⓖ\, b$ 的交点。通过点 R 且平行于 x 轴的直线与通过点 M 且平行于 y 轴的直线（即直线 $x = a \,Ⓐ\, b$）相交于点 S。

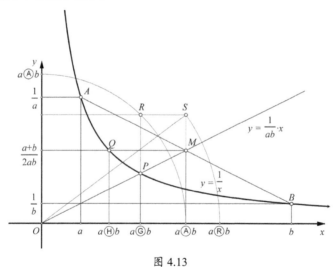

图 4.13

以原点 O 为圆心、以 $OS = a \,Ⓐ\, b$ 为半径的圆与 x 轴的交点的横坐标确定了均方根 $a \,Ⓡ\, b = \sqrt{\dfrac{a^2 + b^2}{2}}$。

通过梯形比较平均数

既然我们对平均数有了一个视觉上的直观认识，现在就可以搜索其他几何证据，进一步证明这四种平均数的大小关系。图 4.14 中有一个下底和上底分别为 a 和 b（其中 $a \geqslant b$）的梯形 $ABCD$，其中位线 m_A 连接两条侧边的中点 E 和 F。我们知道 EF 为上底和下底的算术平均数，即 $EF = a \circledA b = \dfrac{a+b}{2}$。我们可以用以下方式证明这一点。

在图 4.15 中，$CG \parallel AD$，$BF = CF$，$FH = x$，$BG = a - b$。于是，我们得到 $\dfrac{FH}{BG} = \dfrac{CF}{BC} = \dfrac{CF}{2CF} = \dfrac{1}{2}$，因此 $x = \dfrac{1}{2}(a-b)$，由此导出 $m = EF = EH + FH = b + x = b + \dfrac{1}{2}(a-b) = \dfrac{a+b}{2} = a \circledA b$。

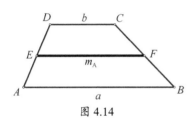

图 4.14

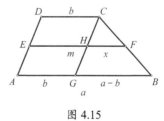

图 4.15

至此，我们已经证明了 EF 是梯形 $ABCD$ 的上底和下底的算术平均数。

为了在上底和下底分别为 b 和 a 的梯形 $ABCD$ 上确定几何平均数 $a \circledG b$，我们作平行于底边的直线 EF，使得到梯形 $ABEF$ 和 $FECD$ 相似，即 $\dfrac{AB}{EF} = \dfrac{EF}{CD}$（见图 4.16）。

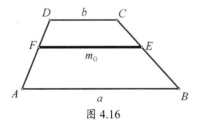

图 4.16

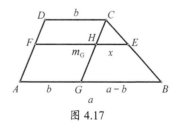

图 4.17

在图 4.17 中，我们添加了一条辅助线 CG，$CG \parallel AD$。$x = EH$，则 $x + b = EH + HF = EF$，$a - b = BG$。从梯形 $ABEF$ 和 $FECD$ 的相似性出发，我们得到 $\dfrac{AB}{EF} = \dfrac{EF}{CD}$，即 $\dfrac{a}{x+b} = \dfrac{x+b}{b}$。该式两边同时乘以 $b(x+b)$，可得 $ab = (x+b)^2$，

然后将其简化为一个二次方程 $x^2 + 2bx + b^2 - ab = 0$。忽略负根，我们得到 $x = -b + \sqrt{ab}$。

因此，$EF = x + b = -b + \sqrt{ab} + b = \sqrt{ab} = a \text{Ⓖ} b$，这说明 EF 正好表示几何平均数。[1]

在下底和上底分别为 a 和 b 的梯形上更容易识别 a 和 b 的调和平均数 $a \text{Ⓗ} b = \dfrac{2ab}{a+b}$，只需简单地过对角线的交点作平行于底边的直线即可，见图 4.18。我们可以证明，对角线的这个交点 S 将线段 EF 分成两条相等的线段，由此导出 $ES = u = v = SF = \dfrac{ab}{a+b} = \dfrac{m_H}{2}$，如图 4.19 所示。

由于两条底边平行，内错角相等，因此 $\triangle ABS \sim \triangle CDS$，$AC = AS + SC = e_1 + e_2$，$BD = BS + SD = f_1 + f_2$（见图 4.19）。然后，我们得到 $\dfrac{e_1}{e_2} = \dfrac{f_1}{f_2} = \dfrac{a}{b}$。

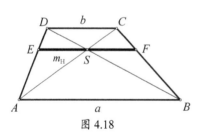

图 4.18

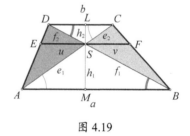

图 4.19

我们知道有两个三角形的面积相等，即 $A_{\triangle ADS} = A_{\triangle BCS}$，这是因为 $A_{\triangle ABC} = A_{\triangle ABD} = \dfrac{1}{2}ah$（其中 $h = h_1 + h_2$）。换句话说，$A_{\triangle ADS} = A_{\triangle ABD} - A_{\triangle ABS} = A_{\triangle ABC} - A_{\triangle ABS} = A_{\triangle BCS}$。

由于 $\triangle ABS \sim \triangle CDS$，可得 $\dfrac{AS}{SC} = \dfrac{BS}{SD}$，即 $\dfrac{e_1}{e_2} = \dfrac{f_1}{f_2}$。由 $\dfrac{e_1}{e_2} = \dfrac{a}{b}$ 可得 $e_2 = e_1 \cdot \dfrac{b}{a}$。

我们还可以证明 $\dfrac{FS}{CD} = \dfrac{AS}{AC} = \dfrac{AS}{AS + SC}$。于是，$\dfrac{u}{b} = \dfrac{e_1}{e_1 + e_2}$。我们可以将该式写为：

[1] 以上证明过程太复杂。实际上，由 $\dfrac{AB}{EF} = \dfrac{EF}{CD}$ 立刻得到 $EF^2 = AB \cdot CD = ab$，即 $EF = \sqrt{ab}$。——译者注

$$u = b \cdot \frac{e_1}{e_1 + e_2} = b \cdot \frac{e_1}{e_1 + e_1 \cdot \dfrac{b}{a}} = b \cdot \frac{e_1}{e_1 \cdot \left(1 + \dfrac{b}{a}\right)} = \frac{b}{1 + \dfrac{b}{a}} = \frac{b}{\dfrac{a}{a} + \dfrac{b}{a}} = \frac{ab}{a + b} \, \text{。}$$

由于 $\dfrac{f_1}{f_2} = \dfrac{a}{b}$ ，我们可以类似地证明 $v = \dfrac{ab}{a+b}$ 。因此， $u = v = \dfrac{ab}{a+b} = \dfrac{m_H}{2}$ ，即

$$EF = a \Ⓗ\ b = \frac{2ab}{a+b} \, \text{。}$$

我们可以在图 4.20 所示的梯形 $ABCD$ 上找到均方根 $a \Ⓡ\ b = \sqrt{\dfrac{a^2 + b^2}{2}}$ 。梯形 $ABCD$ 的下底和上底分别为 a 和 b ，线段 EF 将它分割成两个面积相等的梯形 $ABFE$ 和 $EFCD$ 。

在图 4.21 中， $h_1 = EP$ ， $h_2 = DQ$ ， $x = EF$ 。因为梯形 $ABFE$ 和 $EFCD$ 的面积相等，所以 $A_{ABFE} = \dfrac{a+x}{2} \cdot h_1$ ， $A_{EFCD} = \dfrac{x+b}{2} \cdot h_2$ 。由此推导出 $\dfrac{a+x}{2} \cdot h_1 = \dfrac{x+b}{2} \cdot h_2$ ，即 $\dfrac{h_1}{h_2} = \dfrac{x+b}{a+x}$ 。由于 $CG /\!/ FR /\!/ AD$ ， $b = CD = AG = EH$ ， $x = EF = AR$ ， $x - b = FH = GR$ ， $a - x = BR$ ，因此 $\triangle BFR \sim \triangle FCH$ ，进而有 $\dfrac{h_1}{h_2} = \dfrac{BR}{FH} = \dfrac{a-x}{x-b}$ 。

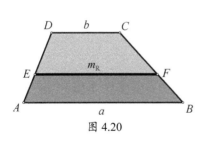

图 4.20

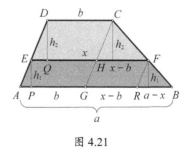

图 4.21

因此， $\dfrac{x+b}{a+x} = \dfrac{a-x}{x-b}$ 。化简后，我们得到 $(a+x)(a-x) = (x+b)(x-b)$ ，即 $a^2 - x^2 = x^2 - b^2$ ，所以 $a^2 + b^2 = 2x^2$ 。我们得到想要的结果 $x = \sqrt{\dfrac{a^2 + b^2}{2}}$ ，这正是均方根。

得出关于均方根的这一结论的另一种方法如图 4.22 所示，其中对于两个面积相

等的梯形 *ABEF* 和 *FECD*，我们可以得到 △*ABS* ~ △*FES* ~ △*DCS*。

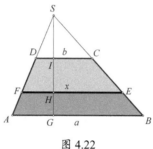

图 4.22

因此，$AB:FE:DC=a:x:b$。

这三个三角形的面积之比为 $A_{\triangle ABS}:A_{\triangle FES}:A_{\triangle DCS}=a^2:x^2:b^2$。

由于 $A_{ABEF}=A_{FECD}$，所以 $A_{\triangle ABS}-A_{\triangle FES}=A_{\triangle FES}-A_{\triangle DCS}$。根据前面介绍的比例关系，可得 $a^2-x^2=x^2-b^2$，因此 $x=\sqrt{\dfrac{a^2+b^2}{2}}=a\circledR b$，即 x 等于 a 和 b 的均方根。

我们刚刚单独考虑了底边的各条平行线的长度。现在我们把这些平行线放置在同一个梯形中，得到如图 4.23 所示的图形。下面按由小到大的顺序排列。

- *EF* 代表调和平均数 m_H（过对角线交点的平行线）。
- *GH* 代表几何平均数 m_G（将梯形分成两个相似梯形的平行线）。
- *JK* 代表算术平均数 m_A（连接梯形两边中点的平行线——中位线）。
- *MN* 代表均方根 m_R（将梯形分成两个面积相等的梯形的平行线）。

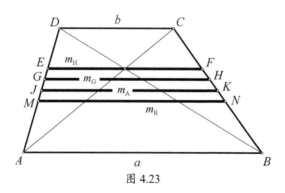

图 4.23

有许多其他种类的平均数，我们可以在这里一一展示，但平时很少看到和使用它们。它们增加了平均数概念的奇特性。首先，看看反调和平均数，我们将其定义为 $a©b = \dfrac{a^2 + b^2}{a + b}$。在图 4.3 中，可以从几何关系上看到：

$$BM + ME = BM + (CM - CE) = (aⒶb) + [(aⒶb) - (aⒽb)] = 2(aⒶb) - (aⒽb)$$

$$= 2 \times \frac{a+b}{2} - \frac{2ab}{a+b} = \frac{(a+b)(a+b)}{a+b} - \frac{2ab}{a+b} = \frac{a^2 + 2ab + b^2 - 2ab}{a+b} = \frac{a^2 + b^2}{a+b} = a©b$$

在图 4.24 中，我们可以比较这个反调和平均数（m_C）与其他平均数的大小。我们发现算术平均数 m_A 正好位于调和平均数 m_H 和反调和平均数 m_C 的正中间。因此，$K_A K_C = K_A K_H$。

另外，还有海伦平均数，我们把它定义为 $a Ⓝ b = \dfrac{a + \sqrt{ab} + b}{3}$。由此可以得到

$$a Ⓝ b = \frac{a + \sqrt{ab} + b}{3} = \frac{2}{3} \times \frac{a+b}{2} + \frac{1}{3} \times \sqrt{ab} = \frac{2}{3}(a Ⓐ b) + \frac{1}{3}(a Ⓖ b) 。$$

当我们将海伦平均数 m_N 与算术平均数 m_A 和几何平均数 m_G 进行比较时，发现它按照比值 $1:2$ 位于后两种平均数之间。因此，在图 4.25 中，我们可以得到 $K_A K_N = \dfrac{1}{3} K_A K_G$。

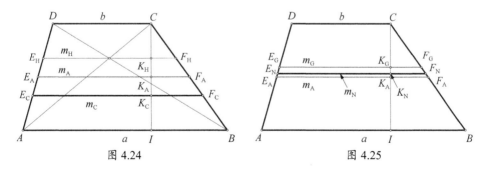

图 4.24　　　　　　　　　　图 4.25

最后，我们介绍对称平均数，它可以表示为 $TM(a, b) = a Ⓣ b = \dfrac{2(a^2 + ab + b^2)}{3(a+b)}$。从图 4.26 中可以看到如何从几何上描述对称平均数 m_T。图中有一个梯形，其重心

为点 T。我们可以通过连接两条底边的中点的直线与连接两条底边的延长线的端点的直线的交点来定位该重心，其中两条底边的延长线向相反的方向延伸，其长度等于另一条底边的长度。在图 4.26 中，$a = AB$，$b = CD$。

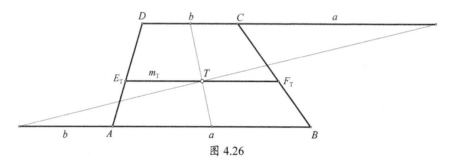

图 4.26

总之，对于任意的正实数 a 和 b，我们可以对以上介绍的平均数进行比较：

$$\frac{2ab}{a+b} \leqslant \sqrt{ab} \leqslant \frac{a+\sqrt{ab}+b}{3} \leqslant \frac{a+b}{2} \leqslant \frac{2(a^2+ab+b^2)}{3(a+b)} \leqslant \sqrt{\frac{a^2+b^2}{2}} \leqslant \frac{a^2+b^2}{a+b}$$

可以用符号表示为：

$$a\text{Ⓗ}b \leqslant a\text{Ⓖ}b \leqslant a\text{Ⓝ}b \leqslant a\text{Ⓐ}b \leqslant a\text{Ⓣ}b \leqslant a\text{Ⓡ}b \leqslant a\text{Ⓒ}b$$

我们已经通过各种方法（利用直角三角形、矩形、双曲线和梯形）展示了集中趋势的度量（即各种平均数）如何从几何角度比较大小。这多少有点出乎我们的意料，但这是数学中值得我们关注而又往往被忽视的奇特性之一。

第5章 ▶▶▶
奇特的分数世界

当开始（以一种不太传统的观点）讨论分数时，我们将考虑分数的一个经常被误解的方面，即看它们如何以一种不寻常的方式相互联系。我们还将看到人们如何利用分数探索一些相当奇特的数学关系。我们首先刷新我们对于分数的理解。

理解分数

假设有一张正方形的纸，我们将其裁剪多次。正方形的边长是 10 厘米，我们首先剪下一个长方形，其面积是整张纸的面积的 $\frac{1}{6}$，如图 5.1 所示（剪掉的纸片采用连续编号）。然后，我们剪下纸张剩余面积的 $\frac{1}{5}$，再剪下剩余面积的 $\frac{1}{4}$，继续剪下剩余面积的 $\frac{1}{3}$，最后剪下剩余面积的 $\frac{1}{2}$。我们需要确定这五部分被剪掉后，原来的正方形还剩下多少。在图 5.1 中，我们将其显示为非阴影区域。

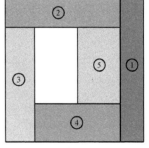

图 5.1

从逻辑上讲，当我们剪掉正方形面积的 $\frac{1}{6}$ 时，剩下的面积是 $\frac{5}{6}$。当我们剪下那张纸剩下部分的面积的 $\frac{1}{5}$ 时,剩下的就只有 $\frac{4}{5}$ 了。当在原来的正方形纸张上计算时,我们发现剩余部分的面积是原来正方形面积的 $\frac{4}{5} \times \frac{5}{6}$。当我们接着剪下剩下部分的面积的 $\frac{1}{4}$ 时,所剩下的是上次所剩下的部分的 $\frac{3}{4}$,等于原来正方形面积的 $\frac{3}{4} \times \frac{4}{5} \times \frac{5}{6}$。我们现在可以观察到所遵循的模式,最后所剩下的部分的面积等于原来纸张面积的

$$1 \times \frac{1}{2} \times \frac{2}{3} \times \frac{3}{4} \times \frac{4}{5} \times \frac{5}{6} = \frac{1}{6}。$$

一旦建立起模式,而且推理清晰,原来的问题就变得相当简单了。然而,就提出问题的方式而言,它可能导致我们走上解决问题的错误道路。

单位分数也许是理解分数的基础。从古代起,单位分数是最容易理解的,因为它们代表了一个集合中的一个成员或一组给定的相同个体中的一个。我们现在从数学中的一个新观点来讨论这些单位分数,其形式为 $\frac{1}{n}$,其中 n 是大于零的自然数。

调和三角形——单位分数的作用

单位分数的应用可以追溯到古代。埃及人几乎完全依赖单位分数进行测量,唯一的例外是 $\frac{2}{3}$。对于不能作为单位分数来衡量的数,埃及人通过增加几个单位分数来表示这个数。下面我们将以一种相当不寻常的方式使用单位分数,创建一个单位分数的三角形数列。这是由德国数学家戈特弗里德·威廉·莱布尼茨(公元 1646—1716)首先发现的。顺便说一下,他的贡献还包括发明了微积分,包括我们今天使用的微积分命名法。

让我们回忆一下,单位分数是形如 $\frac{1}{n}$ 的分数,其中 n 是任意正整数。我们现在要建立一个单位分数的三角形数列,使其外斜线形成一个调和数列,这个数列的每个成员都是它下面的两个分数(一个在右下方,一个在左下方)的和,如图 5.2 所示。我们把这个三角形数列叫作调和三角形。

我们采用更一般的记号，在图 5.3 中展示了如何放置分数 $\frac{1}{x}$ 与 $\frac{1}{y}$ 的和 $\frac{1}{z}$。

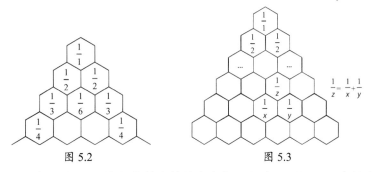

图 5.2   图 5.3

在图 5.4 中，我们通过检查外斜线并关注它们的和来证明调和的名称来自哪里。正如我们在前面已经看到的，这是一个调和级数：

$$1 + \frac{1}{2} + \frac{1}{3} + \frac{1}{4} + \frac{1}{5} + \frac{1}{6} + \cdots$$

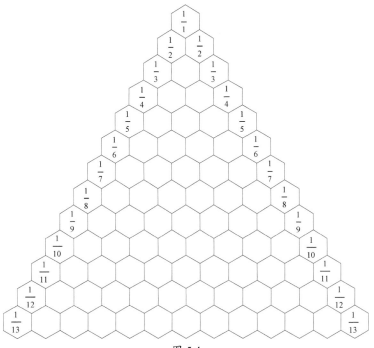

图 5.4

在图 5.5 中，我们展示了一个 13 行的调和三角形，这应该能够帮助我们更好地理解调和三角形。

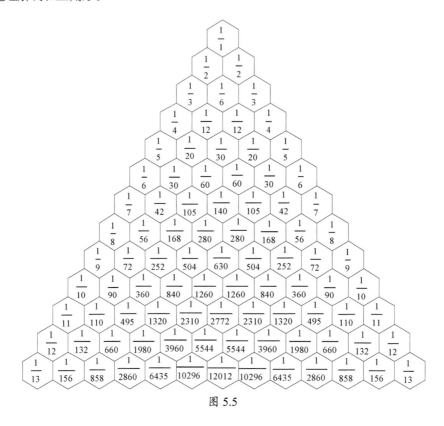

图 5.5

在调和三角形中，可能会发现无数种排列方式和模式。例如，为了找到调和三角形的一个新成员，我们可以建立方程 $\frac{1}{3} = \frac{1}{4} + \frac{1}{x}$，然后求解 $\frac{1}{x}$，得到 $\frac{1}{x} = \frac{1}{3} - \frac{1}{4} = \frac{4-3}{3 \times 4} = \frac{1}{12}$，如图 5.6 所示。

用更一般的记号，我们可以得到 $\frac{1}{n} = \frac{1}{n+1} + \frac{1}{n(n+1)}$，因此，$\frac{1}{n(n+1)} = \frac{1}{n} \cdot \frac{1}{n+1} = \frac{1}{n} - \frac{1}{n+1}$。

换句话说，连续单位分数的差等于它们的乘积（见图 5.7）。这本身就是一种长期被忽视的关系。许多人在他们的学生时代似乎完全忽视了这种关系。他们当时处理分数时更多的是进行常规的练习，而不是欣赏它们之间的各种关系。

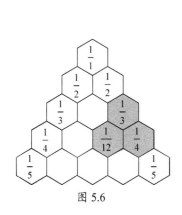

图 5.6

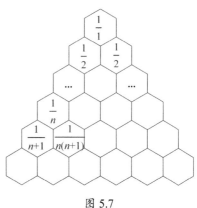

图 5.7

我们继续探讨调和三角形。这是单位分数的一种排列方式，让我们可以从一个新的视角来欣赏单位分数。例如，我们可以在调和三角形中看到一种有趣的图案。图 5.8 中的第二条斜线展示了一个序列，其成员可以表示为 $a_n = \dfrac{1}{n(n+1)}$。

$$\frac{1}{2} = \frac{1}{1 \times 2}$$

$$\frac{1}{6} = \frac{1}{2 \times 3}$$

$$\frac{1}{12} = \frac{1}{3 \times 4}$$

$$\frac{1}{20} = \frac{1}{4 \times 5}$$

$$\frac{1}{30} = \frac{1}{5 \times 6}$$

这是一种奇特的关系，有助于我们理解调和三角形将展现的一些其他关系。

我们在图 5.8 所示的调和三角形中注意到 $\dfrac{1}{30} = \dfrac{1}{60} + \dfrac{1}{60}$。如果我们转向下一行，

就会看到分数 $\frac{1}{30}$ 再次出现，但这次的关系是 $\frac{1}{30} = \frac{1}{42} + \frac{1}{105}$。验证这种关系有点复

杂，我们将其留给特别认真的读者思考。

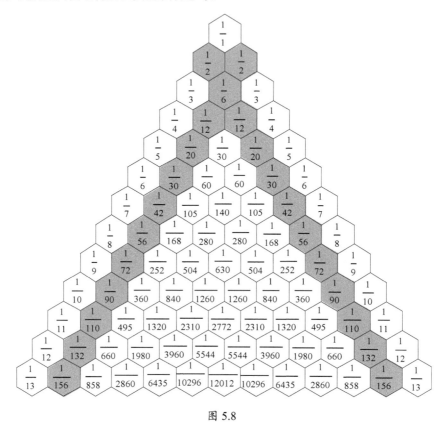

图 5.8

我们再次回到图 5.8，注意第一行中的第一个分数是 $a_{1,1} = 1$，第 n 行中的第一

个分数是 $a_{n,1} = \frac{1}{n}$。我们可以推广这种表示方法，例如第四行中的第二个分数是

$a_{4,2} = \frac{1}{12}$（见图 5.9）。

从我们所建立的关系 $\frac{1}{x} + \frac{1}{y} = \frac{1}{z}$ 出发，我们还可以写出递推方程：

$a_{n,k-1} + a_{n,k} = a_{n-1,k-1}$，或者 $a_{n,k} = a_{n-1,k-1} - a_{n,k-1}$。

$a_{n,k}$ ╲ k ╲ n	1	2	3	4	5	6	7	8
1	$\frac{1}{1}$	–	–	–	–	–	–	–
2	$\frac{1}{2}$	$\frac{1}{2}$	–	–	–	–	–	–
3	$\frac{1}{3}$	$\frac{1}{6}$	$\frac{1}{3}$	–	–	–	–	–
4	$\frac{1}{4}$	$\frac{1}{12}$	$\frac{1}{12}$	$\frac{1}{4}$	–	–	–	–
5	$\frac{1}{5}$	$\frac{1}{20}$	$\frac{1}{30}$	$\frac{1}{20}$	$\frac{1}{5}$	–	–	–
6	$\frac{1}{6}$	$\frac{1}{30}$	$\frac{1}{60}$	$\frac{1}{60}$	$\frac{1}{30}$	$\frac{1}{6}$	–	–
7	$\frac{1}{7}$	$\frac{1}{42}$	$\frac{1}{105}$	$\frac{1}{140}$	$\frac{1}{105}$	$\frac{1}{42}$	$\frac{1}{7}$	–
8	$\frac{1}{8}$	$\frac{1}{56}$	$\frac{1}{168}$	$\frac{1}{280}$	$\frac{1}{280}$	$\frac{1}{168}$	$\frac{1}{56}$	$\frac{1}{8}$

图 5.9

$a_{n,k}$ 的表达式相当复杂,我们在这里进行简要的介绍。

$$a_{n,k} = \frac{1}{k \cdot \binom{n}{k}} = \frac{1}{n \cdot \binom{n-1}{k-1}}$$,其中 $\binom{n}{k}$ 是二项式系数[1](n, $k \in \mathbf{N}$)。

因此,对于 $n = 7$,$k = 2$,可以得到 $a_{7,2} + a_{7,3} = a_{6,2}$,即 $\frac{1}{42} + \frac{1}{105} = \frac{1}{30}$。

概括前面介绍的等式,我们得到如下关系:

$$\frac{1}{n} = \frac{1}{n+1} + \frac{1}{n(n+1)}$$

我们也可以查看每一行中各个数的和,看看是否存在一种演化模式。表 5.1 显示了前六行中各个数的和。

表 5.1

行	1	2	3	4	5	6
和	$1 = \frac{60}{60}$	$1 = \frac{60}{60}$	$\frac{5}{6} = \frac{50}{60}$	$\frac{2}{3} = \frac{40}{60}$	$\frac{8}{15} = \frac{32}{60}$	$\frac{13}{30} = \frac{26}{60}$

---

[1] 这就是组合数 C_n^k 。——译者注

在图 5.10 中，我们突出了第六行。

$$\frac{1}{6}+\frac{1}{30}+\frac{1}{60}+\frac{1}{60}+\frac{1}{30}+\frac{1}{6}=\frac{13}{30}=\frac{26}{60}=0.4333333333\cdots$$

现在转到第 13 行，我们发现该行中各个数的和如下：

$$\frac{1}{13}+\frac{1}{156}+\frac{1}{858}+\frac{1}{2860}+\cdots+\frac{1}{2860}+\frac{1}{858}+\frac{1}{156}+\frac{1}{13}=\frac{15341}{90090}=0.1702852702\cdots$$

我们可以由此推断，当我们向下移动时，每行中各个数的和随着单位分数个数的增加而变小。

现在让我们检查各条斜线上的数的和。我们已经确定第一条斜线上的数构成一个调和数列，因此其和为 $1+\frac{1}{2}+\frac{1}{3}+\frac{1}{4}+\frac{1}{5}+\frac{1}{6}+\cdots$，其值不断增加，趋于无穷大，即

$$\sum_{k=1}^{\infty}\frac{1}{K}=\infty。$$

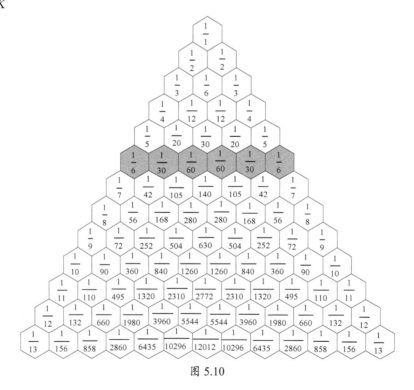

图 5.10

我们再次关注第二条斜线，

$$\frac{1}{2} + \frac{1}{6} + \frac{1}{12} + \frac{1}{20} + \frac{1}{30} + \frac{1}{42} + \cdots$$

它在图 5.8 中是突出显示的。我们需要花点时间来考虑如何最快找到这个总和。当我们审视这条斜线上的每一个成员时，我们回顾出现的以下模式：

$$\frac{1}{2} = \frac{1}{1} - \frac{1}{2}$$

$$\frac{1}{6} = \frac{1}{2} - \frac{1}{3}$$

$$\frac{1}{12} = \frac{1}{3} - \frac{1}{4}$$

$$\frac{1}{20} = \frac{1}{4} - \frac{1}{5}$$

$$\cdots\cdots$$

因此，对于第二条斜线上的第 n 项，我们可以将其写成：

$$\frac{1}{n(n+1)}$$

考虑前四项时，我们可以得到：

$$\frac{1}{2} + \frac{1}{6} + \frac{1}{12} + \frac{1}{20} = \frac{4}{5} = 0.8$$

第二条斜线上前 12 个数的和为：$\frac{1}{2} + \frac{1}{6} + \frac{1}{12} + \cdots + \frac{1}{132} + \frac{1}{156} = \frac{12}{13} \approx 0.923$（这个和似乎接近 1）。

从这一点出发，我们可以得到前 n 个数之和：

$$\frac{1}{2} + \frac{1}{6} + \frac{1}{12} + \frac{1}{20} + \cdots + \frac{1}{n(n+1)} = \sum_{k=1}^{n} \frac{1}{k(k+1)} = \frac{n}{n+1}$$

我们注意到，求和的数越多，和就越接近 1。如果把这个求和过程无限进行下去，那么我们就可以将最终结果写成：

$$\sum_{k=1}^{\infty} \frac{1}{k(k+1)} = 1$$

转到第三条斜线，我们考虑其上所有数的和：

$$\frac{1}{3} + \frac{1}{12} + \frac{1}{30} + \frac{1}{60} + \frac{1}{105} + \frac{1}{168} + \cdots$$

我们需要查看各个单独的数，以便能够建立求这些数的和的模式。

$$\frac{1}{3} = \frac{2}{1 \times 2 \times 3}$$

$$\frac{1}{12} = \frac{2}{2 \times 3 \times 4}$$

$$\frac{1}{30} = \frac{2}{3 \times 4 \times 5}$$

$$\frac{1}{60} = \frac{2}{4 \times 5 \times 6}$$

$$\cdots\cdots$$

我们可以按照以下方式概括一般项：

$$\frac{2}{n(n+1)(n+2)}$$

取前 n 个数求和，所得到的和如下：

$$\frac{1}{3} + \frac{1}{12} + \frac{1}{30} + \frac{1}{60} + \cdots + \frac{2}{n(n+1)(n+2)} = \sum_{k=1}^{n} \frac{2}{k(k+1)(k+2)} = \frac{1}{2} - \frac{1}{(n+1)(n+2)}$$

我们取的数越多，所得到的和就越接近 $\frac{1}{2}$。当我们取第三条斜线上的无穷多个数求和时，所得到的结果是 $\sum_{k=1}^{\infty} \frac{2}{k(k+1)(k+2)} = \frac{1}{2}$。第四条斜线的情况比前面的更复杂，其上第 n 个数的一般表达式为 $\frac{6}{n(n+1)(n+2)(n+3)}$。该斜线上前 10 个数的和为：

$$\frac{1}{4} + \frac{1}{20} + \frac{1}{60} + \cdots + \frac{1}{1980} + \frac{1}{2860} = \frac{95}{286} \approx 0.332$$

我们可以看到，随着这个数列的扩展，该数列的和接近 $\frac{1}{3}$。

第四条斜线上前 n 个单位分数的和为：

$$\sum_{k=1}^{n} \frac{6}{k(k+1)(k+2)(k+3)} = \frac{1}{3} - \frac{2}{(n+1)(n+2)(n+3)}$$

我们可以看出，这个无穷数列的和是 $\sum_{k=1}^{\infty} \frac{6}{k(k+1)(k+2)(k+3)} = \frac{1}{3}$。

到目前为止，你可能已经注意到外斜线上的调和数列中的每个数都是从它下面紧挨着的那个数开始、沿着斜向往下的所有数之和，例如 $\frac{1}{6} = \frac{1}{7} + \frac{1}{56} + \frac{1}{252} + \frac{1}{840} + \frac{1}{2310} + \frac{1}{5544} + \frac{1}{10296} + \cdots$。

此时，我们已经在调和三角形上看到了一些意想不到的关系和模式。接下来，我们描述关于数字的一个更熟悉的三角形，称之为帕斯卡三角形。它是以布莱斯·帕斯卡（公元 1623—1662）的名字命名的，他在 1653 年独立发现了他的这个算术三角形。这种三角形的数字排列模式首先由波斯数学家奥马尔·海亚姆（公元 1048—1122）进行描述，1303 年它出现在了中国数学家朱世杰（公元 1249—1314）的《四元玉鉴》中。在西方世界，人们认为帕斯卡发现了该三角形，而没有参考任何以前的文献。我们在图 5.11 中给出了这个帕斯卡三角形。

									1										$= 2^0$
								1		1									$= 2^1$
							1		2		1								$= 2^2$
						1		3		3		1							$= 2^3$
					1		4		6		4		1						$= 2^4$
				1		5		10		10		5		1					$= 2^5$
			1		6		15		20		15		6		1				$= 2^6$
		1		7		21		35		35		21		7		1			$= 2^7$
	1		8		28		56		70		56		28		8		1		$= 2^8$
1		9		36		84		126		126		84		36		9		1	$= 2^9$
1	10		45		120		210		252		210		120		45		10	1	$= 2^{10}$

图 5.11

帕斯卡三角形所展示的模式和关系非常丰富，也许它最有用的应用之一是为二项式展开提供系数。我们在图 5.11 中看到，每一行上的数的总和使得 2 的方次数越来越大。如图 5.12 所示，求这些斜线上的数的和，我们可以得到在三角形上按顺序排列的斐波那契数（1，1，2，3，5，8，13，21，34，55，89，…）。这不过是在帕斯卡三角形上发现的许多关系中的一种。

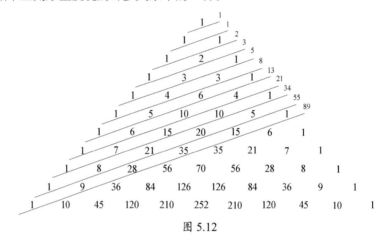

图 5.12

现在让我们来研究这两个著名的三角形——帕斯卡三角形和调和三角形是如何相互关联的。

帕斯卡三角形的第六行为 1，5，10，10，5，1（见图 5.11）。现在让我们来看看调和三角形中第六行的第一个成员 $\frac{1}{6}$，然后将这个数除以帕斯卡三角形中第六行上的每个数。

$$\frac{1}{6} \div 1 = \frac{1}{6}$$

$$\frac{1}{6} \div 5 = \frac{1}{30}$$

$$\frac{1}{6} \div 10 = \frac{1}{60}$$

$$\frac{1}{6} \div 10 = \frac{1}{60}$$

$$\frac{1}{6} \div 5 = \frac{1}{30}$$

$$\frac{1}{6} \div 1 = \frac{1}{6}$$

看啊，看啊！我们最后得到了调和三角形中第六行上的数。在这两个著名的三角形之间还可以发现其他关系。例如，帕斯卡三角形中第二条斜线上的数是自然数序列：1，2，3，4，5，…。这些数的倒数为：

$$1, \ \frac{1}{2}, \ \frac{1}{3}, \ \frac{1}{4}, \ \frac{1}{5}, \ \cdots$$

我们发现我们已经得到了调和三角形中第一条斜线上的数。

如果关注帕斯卡三角形的第三条斜线，我们就会注意到被称为三角形数的数列，因为表示这些数的点阵都是三角形，即：

$$1, \ 3, \ 6, \ 10, \ 15, \ \cdots, \ \frac{n(n+1)}{2}, \ \cdots$$

这些数可以放入等边三角形中，如图 5.13 所示。

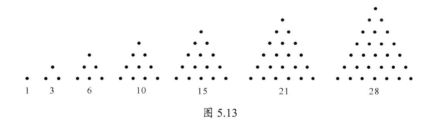

图 5.13

我们现在取每个数的倒数，得到 $1, \ \frac{1}{3}, \ \frac{1}{6}, \ \frac{1}{10}, \ \cdots$，然后取每个倒数的一半，得到 $\frac{1}{2}, \ \frac{1}{6}, \ \frac{1}{12}, \ \frac{1}{20}, \ \cdots, \ \frac{1}{n(n+1)}, \ \cdots$。我们在图 5.8 中已经展示过这一数列。

求这些三角形数的倒数之和，得到：

$$1 + \frac{1}{3} + \frac{1}{6} + \frac{1}{10} + \cdots + \frac{2}{n(n+1)} + \cdots = 2$$

调和三角形中第二条斜线上的各数之和为：

$$\frac{1}{2}+\frac{1}{6}+\frac{1}{12}+\frac{1}{20}+\cdots+\frac{1}{n(n+1)}+\cdots=1$$

1 刚好大于这个数列中的第一个数 $\frac{1}{2}$。如果我们从 1 开始求这个数列的和，就会得到与三角形数列中各数的倒数的和相等的值 2。

在帕斯卡三角形的第四条斜线上，我们发现了四面体数[1]：

$$1，4，10，20，35，56，\cdots，\frac{n(n+1)(n+2)}{6}，\cdots$$

如果取这些数中的每一个数的倒数，再乘以调和三角形中第三条斜线上的第一个数 $\frac{1}{3}$，就可以得到如下数列：

$$\frac{1}{3}，\frac{1}{12}，\frac{1}{30}，\frac{1}{60}，\frac{1}{105}，\cdots，\frac{2}{n(n+1)(n+2)}，\cdots$$

我们还注意到如下两个和之间的关系。第一个和是这些四面体数的倒数之和：

$$1+\frac{1}{4}+\frac{1}{10}+\frac{1}{20}+\cdots+\frac{6}{n(n+1)(n+2)}+\cdots=\frac{3}{2}$$

第二个和是调和三角形中第三条斜线上的所有数之和（我们在前面已经看到过）：

$$\frac{1}{3}+\frac{1}{12}+\frac{1}{30}+\frac{1}{60}+\cdots+\frac{2}{n(n+1)(n+2)}+\cdots=\frac{1}{2}$$

奇妙的是上述两个和刚好相差 1。

进一步考虑帕斯卡三角形的第五条斜线，我们找到了五极数[2]：

$$1，5，15，35，70，\cdots，\frac{n(n+1)(n+2)(n+3)}{24}，\cdots$$

我们可以看到，调和三角形中第四条斜线上的数的总和是：

$$\frac{1}{4}+\frac{1}{20}+\frac{1}{60}+\frac{1}{140}+\cdots+\frac{6}{n(n+1)(n+2)(n+3)}+\cdots$$

---

[1] 所谓四面体数就是以点阵方式构成正四面体的点数，它恰好等于三角形数列的部分和。——译者注
[2] 所谓五极数就是四面体数列的部分和，它不同于五边形数。——译者注

$$= \sum_{n=1}^{\infty} \frac{6}{n(n+1)(n+2)(n+3)} = \frac{1}{3}$$

在这两个著名三角形（帕斯卡三角形和调和三角形）的斜线之间可以找到许许多多奇妙的关系。两个三角形中一般项的比较见表 5.2。[1]

表 5.2

n	帕斯卡三角形的一般项 a_n	调和三角形的一般项 a_n
第一条斜线	1	$\dfrac{1}{n}$
第二条斜线	n	$\dfrac{1}{n(n+1)}$
第三条斜线	$\dfrac{n(n+1)}{2}$	$\dfrac{2}{n(n+1)(n+2)}$
第四条斜线	$\dfrac{n(n+1)(n+2)}{6}$	$\dfrac{6}{n(n+1)(n+2)(n+3)}$
第五条斜线	$\dfrac{n(n+1)(n+2)(n+3)}{24}$	$\dfrac{24}{n(n+1)(n+2)(n+3)(n+4)}$
……	……	……
第 k 条斜线（$k>1$）	$\dfrac{n(n+1)(n+2)\cdots(n+k-2)}{(k-1)!}$	$\dfrac{(k-1)!}{n(n+1)(n+2)\cdots(n+k-1)}$

最后，我们看到调和三角形中第 k 条斜线上的无限级数部分和的极限值恰好是 $\dfrac{1}{k-1}$，也是上一行（或斜线）中的第一个数[2]。

我们将这些极限值总结在表 5.3 中。

表 5.3

n	调和三角形	
	一般项 a_n	极限值
第一条斜线	$\dfrac{1}{n}$	∞

[1] 用数学归纳法可以证明，帕斯卡三角形的每一条斜线上前 n 项的和恰好等于下一条斜线上的第 n 项。——译者注

[2] 将分子中的 $k-1$ 变成 $n+k-1-n$，从而将级数拆分成两个级数，由此很容易求出该级数的值。——译者注

续表

n	调和三角形	
	一般项 a_n	极限值
第二条斜线	$\dfrac{1}{n(n+1)}$	1
第三条斜线	$\dfrac{2}{n(n+1)(n+2)}$	$\dfrac{1}{2}$
第四条斜线	$\dfrac{6}{n(n+1)(n+2)(n+3)}$	$\dfrac{1}{3}$
第五条斜线	$\dfrac{24}{n(n+1)(n+2)(n+3)(n+4)}$	$\dfrac{1}{4}$
……	……	……
第 k 条斜线 （$k>1$）	$\dfrac{(k-1)!}{n(n+1)(n+2)\cdots(n+k-1)}$	$\dfrac{1}{k-1}$

漫游不寻常的分数世界

当考虑分数的加法和乘法时，也许我们容易想起乘法运算比加法运算更便捷，这在很大程度上是因为乘法运算只需要我们将两个分子和两个分母分别相乘，就可以得到这两个分数的乘积，如下面的例子所示。

$$\frac{1}{2} \times \frac{1}{3} = \frac{1 \times 1}{2 \times 3} = \frac{1}{6}$$

你可能记得，为了把两个分数相加，我们需要找到一个公分母，然后将通分后的分子相加并置于分数线之上。假如我们使用类似于乘法的算法来计算两个分数的加法，那会产生什么结果呢？结果会是这样的：

$$\frac{1}{2} + \frac{1}{3} = \frac{1+1}{2+3} = \frac{2}{5}$$

我们可以清楚地看到这种方法是不正确的，因为这两个分数的和小于其中一个分数。换句话说，我们得到了一个毫无意义的结果。如果我们使用这种方法，就会遇到其他困难。例如，如果在这样的"加法"中，我们将其中一个分数替换为它的等价分数，我们就将得到另一个不同的结果。下面的例子包含同一个加法问题的两个不同运算过程，其中每个分数都被改为等价分数，然而得到了两个不同的结果。

$$\frac{1}{2}+\frac{1}{3}=\frac{2}{4}+\frac{1}{3}=\frac{2+1}{4+3}=\frac{3}{7}$$

$$\frac{1}{2}+\frac{1}{3}=\frac{1}{2}+\frac{2}{6}=\frac{1+2}{2+6}=\frac{3}{8}$$

这应该彻底说服你，这种奇怪的"加法"是不正确的。现在你可能会问，我们为什么要演示一种不正确的算法呢？实际上，这种算法将引导我们得到一些非常有趣的分数关系。

下面以足球比赛为例进行介绍。假设一支足球队在周六和周日各有一场比赛，一名队员在周六进了一个球，而球队总共只进了两个球。周日，同一名队员又进了一个球，而球队总共进了三个球。我们可以把这个队员的进球情况总结为：第一场比赛中球队踢进的 2 个球中的 1 个球由他踢进，第二场比赛中球队踢进的 3 个球中的 1 个球由他踢进，整个周末球队踢进的 5 个球中的 2 个球由他踢进。如果用数字表示这一点，我们就可以得到 $\frac{1}{2}+\frac{1}{3}=\frac{1+1}{2+3}=\frac{2}{5}$。这应该看起来很熟悉，因为它是我们在上面遇到的"加法"。然而，这时它已变得有些意义。由于这种更有意义的表现，我们将给这种通过将分子和分母分别相加而形成的分数一个合适的名称，称之为中位分数。

也就是说，$\frac{a+c}{b+d}$ 是分数 $\frac{a}{b}$ 和 $\frac{c}{d}$ 的中位分数，其中 a、b、c、d 是自然数，且 $b\neq0$，$d\neq0$。这种奇怪的加法形式 $\left(\frac{a}{b}+\frac{c}{d}=\frac{a+c}{b+d}\right)$ 可以用符号 $\oplus$ 来表示，有时称为丘凯加法。这是以法国数学家尼古拉斯·丘凯（公元 1445—1488）的名字命名的，他更为人知的成就是引入了百万、十亿、万亿等词——通常称为丘凯系统。

在表 5.4 中，我们给出了使用自然数 1 和 2、由 $\frac{a}{b}\oplus\frac{c}{d}$ 所产生的 16 个中位分数。

表 5.4

a	b	c	d	$\dfrac{a+c}{b+d}$	a	b	c	d	$\dfrac{a+c}{b+d}$
1	1	1	1	$\dfrac{1}{1}$	1	1	1	2	$\dfrac{2}{3}$
2	1	1	1	$\dfrac{3}{2}$	2	1	1	2	$\dfrac{1}{1}$
1	2	1	1	$\dfrac{2}{3}$	1	2	1	2	$\dfrac{1}{2}$
2	2	1	1	$\dfrac{1}{1}$	2	2	1	2	$\dfrac{3}{4}$
1	1	2	1	$\dfrac{3}{2}$	1	1	2	2	$\dfrac{1}{1}$
2	1	2	1	$\dfrac{2}{1}$	2	1	2	2	$\dfrac{4}{3}$
1	2	2	1	$\dfrac{1}{1}$	1	2	2	2	$\dfrac{3}{4}$
2	2	2	1	$\dfrac{4}{3}$	2	2	2	2	$\dfrac{1}{1}$

表 5.4 生成了以下七个分数：$\dfrac{1}{2}$，$\dfrac{2}{3}$，$\dfrac{3}{4}$，$\dfrac{1}{1}$，$\dfrac{4}{3}$，$\dfrac{3}{2}$，$\dfrac{2}{1}$。

两个分数 $\dfrac{a}{b}$ 和 $\dfrac{c}{d}$ 之差 $\dfrac{ad-bc}{bd}$ 在 $ad-bc = \pm 1$ 时"最低"。我们把这样的两个分数叫作相邻分数。

例如，$\dfrac{1}{2} - \dfrac{1}{3} = \dfrac{1}{6}$，其中 $ad-bc = 1 \times 3 - 2 \times 1 = 1$，因此我们可以说 $\dfrac{1}{2}$ 和 $\dfrac{1}{3}$ 是相邻分数。$\dfrac{1}{3}$ 和 $\dfrac{2}{5}$ 也是相邻分数，但是 $\dfrac{3}{4}$ 和 $\dfrac{1}{2}$ 就不是相邻分数。

让我们介绍一些可以从这种新的分数中建立起来的有趣的定理。

定理 1：当 $\dfrac{a}{b} < \dfrac{c}{d}$ 时，$\dfrac{a}{b} < \dfrac{a+c}{b+d} < \dfrac{c}{d}$，其中 a、b、c 和 d 是任意自然数，且 $c \neq 0$，$d \neq 0$。

这个定理是由劳伦斯·谢尔泽于 1973 年在《数学教师》(*Mathematics Teacher*) 杂志上发展的。谢尔泽的一个学生得到了一个相当新奇的发现。谢尔泽相信这一发现是正确的，他称之为麦克凯定理——以这个高中生托马斯·麦克凯的名字命名。

这个定理的证明很容易，具体过程如下：

$$\frac{a}{b} < \frac{c}{d} \Rightarrow a \cdot d < b \cdot c \Rightarrow a \cdot d \underline{+ a \cdot b} < b \cdot c \underline{+ a \cdot b} \Rightarrow (b+d) \cdot a < (a+c) \cdot b$$

$$\Rightarrow \frac{a}{b} < \frac{a+c}{b+d}$$

$$\frac{a}{b} < \frac{c}{d} \Rightarrow a \cdot d < b \cdot c \Rightarrow a \cdot d \underline{+ c \cdot d} < b \cdot c \underline{+ c \cdot d} \Rightarrow (a+c) \cdot d < (b+d) \cdot c \Rightarrow \frac{a+c}{b+d} < \frac{c}{d}$$

还有一种相当巧妙的几何方法，可以用来证明这种关系。通过观察图 5.14 所示的三个直角三角形的斜边的斜率，我们可以比较这些分数的大小。我们也可以通过比较三个角 α 、β 和 γ 的正切来比较这三个分数的大小。我们很容易看出，

$$\alpha < \gamma < \beta， \quad \tan\alpha = \frac{a}{b} < \tan\gamma = \frac{a+c}{b+d} < \tan\beta = \frac{c}{d}。$$

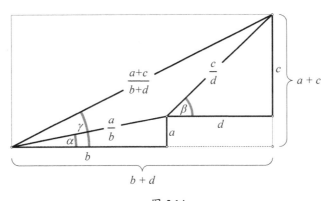

图 5.14

定理 2：如果两个分数 $\frac{a}{b}$ 和 $\frac{c}{d}$ 是相邻分数，即它们的差 $\frac{ad-bc}{bd}$ "最低"，或者说 $ad - bc = \pm 1$，那么这两个分数的中位分数 $\frac{a+c}{b+d}$ 与这两个分数就是相邻分数。

这个定理的证明非常简单。对于分数 $\frac{a}{b}$ 和 $\frac{a+c}{b+d}$，$(b+d) \cdot a - (a+c) \cdot b = ad - bc = \pm 1$。类似地，对于分数 $\frac{a+c}{b+d}$ 和 $\frac{c}{d}$，$d \cdot (a+c) - c \cdot (b+d) = ad - bc = \pm 1$。

总之，我们可以看到，中位分数是每个原始相邻分数的相邻分数。

不寻常的分数序列——法里序列

关于中位分数及其相邻分数，我们不能不介绍法里序列。这是一个有序分数序列，它从 $\frac{0}{1}$ 开始，以 $\frac{1}{1}$ 结束，包括该区间中的所有分数，而且都是既约分数。当它们按升序排列且没有分母的值超过 n 时，我们得到一个 n 阶法里序列（用 $\mathfrak{F}_n$ 表示）。

法里序列是以英国地质学家老约翰·法里（公元 1766—1826）的名字命名的，他在 1816 年发行的《哲学杂志》（*Philosophical Magazine*）上发表了这些序列，并推测这些序列中的每一项都是其相邻分数的中位分数。这个猜想后来被法国数学家奥古斯丁-路易·柯西（公元 1789—1857）证明是正确的。后来，人们确定法国数学家查尔斯·哈罗斯早在 1802 年就发现了这个序列，但正如在数学前进的道路上经常发生的情况一样，这项成果的取得被错误地归功于法里。

这里，我们介绍前几阶的法里序列，见图 5.15～图 5.21。

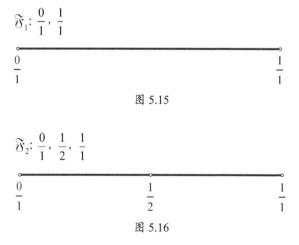

图 5.15

图 5.16

$\mathfrak{F}_3$: $\dfrac{0}{1}$, $\dfrac{1}{3}$, $\dfrac{1}{2}$, $\dfrac{2}{3}$, $\dfrac{1}{1}$

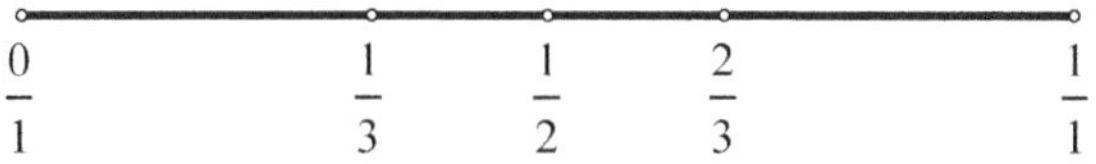

图 5.17

$\mathfrak{F}_4$: $\dfrac{0}{1}$, $\dfrac{1}{4}$, $\dfrac{1}{3}$, $\dfrac{1}{2}$, $\dfrac{2}{3}$, $\dfrac{3}{4}$, $\dfrac{1}{1}$

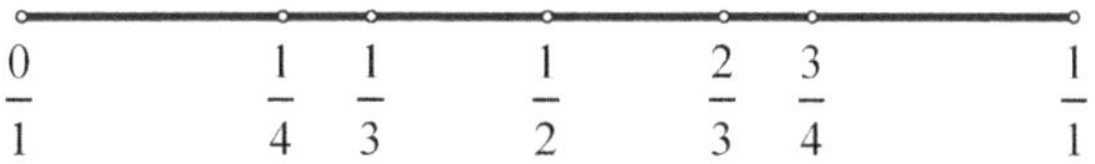

图 5.18

$\mathfrak{F}_5$: $\dfrac{0}{1}$, $\dfrac{1}{5}$, $\dfrac{1}{4}$, $\dfrac{1}{3}$, $\dfrac{2}{5}$, $\dfrac{1}{2}$, $\dfrac{3}{5}$, $\dfrac{2}{3}$, $\dfrac{3}{4}$, $\dfrac{4}{5}$, $\dfrac{1}{1}$

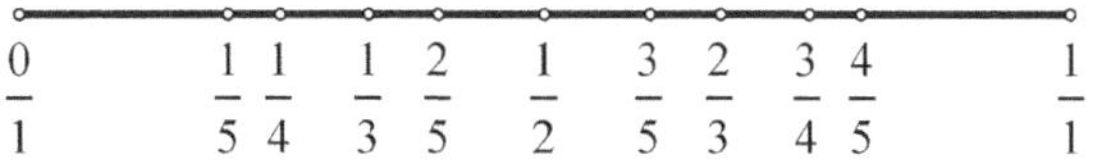

图 5.19

$\mathfrak{F}_6$: $\dfrac{0}{1}$, $\dfrac{1}{6}$, $\dfrac{1}{5}$, $\dfrac{1}{4}$, $\dfrac{1}{3}$, $\dfrac{2}{5}$, $\dfrac{1}{2}$, $\dfrac{3}{5}$, $\dfrac{2}{3}$, $\dfrac{3}{4}$, $\dfrac{4}{5}$, $\dfrac{5}{6}$, $\dfrac{1}{1}$

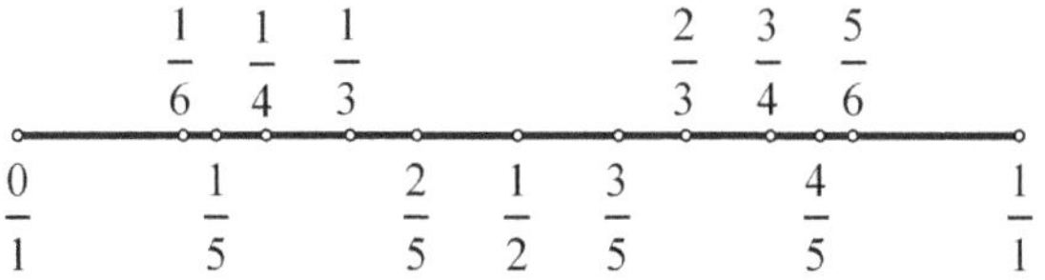

图 5.20

$\mathfrak{F}_7$: $\dfrac{0}{1}$, $\dfrac{1}{7}$, $\dfrac{1}{6}$, $\dfrac{1}{5}$, $\dfrac{1}{4}$, $\dfrac{2}{7}$, $\dfrac{1}{3}$, $\dfrac{2}{5}$, $\dfrac{3}{7}$, $\dfrac{1}{2}$, $\dfrac{4}{7}$, $\dfrac{3}{5}$, $\dfrac{2}{3}$, $\dfrac{5}{7}$, $\dfrac{3}{4}$, $\dfrac{4}{5}$, $\dfrac{5}{6}$, $\dfrac{6}{7}$, $\dfrac{1}{1}$

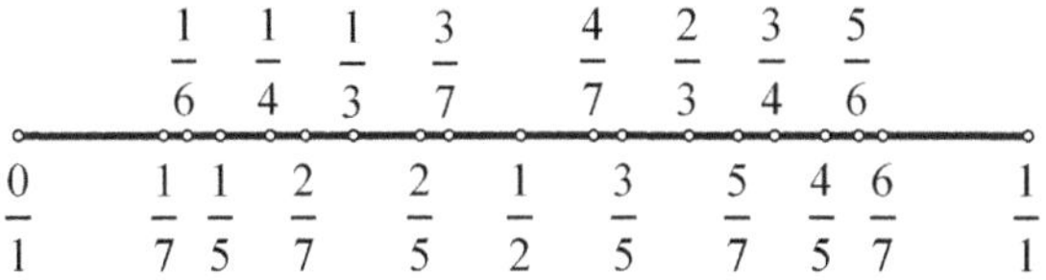

图 5.21

我们还可以欣赏 $\mathfrak{F}_1$ 到 $\mathfrak{F}_8$ 的法里序列集，如图 5.22 所示。

$\mathfrak{F}_1$: $\dfrac{0}{1}$ $\quad$ $\dfrac{1}{1}$

$\mathfrak{F}_2$: $\dfrac{0}{1}$ $\quad$ $\dfrac{1}{2}$ $\quad$ $\dfrac{1}{1}$

$\mathfrak{F}_3$: $\dfrac{0}{1}$ $\quad$ $\dfrac{1}{3}$ $\quad$ $\dfrac{1}{2}$ $\quad$ $\dfrac{2}{3}$ $\quad$ $\dfrac{1}{1}$

$\mathfrak{F}_4$: $\dfrac{0}{1}$ $\quad$ $\dfrac{1}{4}$ $\quad$ $\dfrac{1}{3}$ $\quad$ $\dfrac{1}{2}$ $\quad$ $\dfrac{2}{3}$ $\quad$ $\dfrac{3}{4}$ $\quad$ $\dfrac{1}{1}$

$\mathfrak{F}_5$: $\dfrac{0}{1}$ $\quad$ $\dfrac{1}{5}$ $\dfrac{1}{4}$ $\quad$ $\dfrac{1}{3}$ $\quad$ $\dfrac{2}{5}$ $\quad$ $\dfrac{1}{2}$ $\quad$ $\dfrac{3}{5}$ $\quad$ $\dfrac{2}{3}$ $\quad$ $\dfrac{3}{4}$ $\dfrac{4}{5}$ $\quad$ $\dfrac{1}{1}$

$\mathfrak{F}_6$: $\dfrac{0}{1}$ $\quad$ $\dfrac{1}{6}$ $\dfrac{1}{5}$ $\dfrac{1}{4}$ $\quad$ $\dfrac{1}{3}$ $\quad$ $\dfrac{2}{5}$ $\quad$ $\dfrac{1}{2}$ $\quad$ $\dfrac{3}{5}$ $\quad$ $\dfrac{2}{3}$ $\quad$ $\dfrac{3}{4}$ $\dfrac{4}{5}$ $\dfrac{5}{6}$ $\quad$ $\dfrac{1}{1}$

$\mathfrak{F}_7$: $\dfrac{0}{1}$ $\quad$ $\dfrac{1}{7}$ $\dfrac{1}{6}$ $\dfrac{1}{5}$ $\dfrac{1}{4}$ $\dfrac{2}{7}$ $\dfrac{1}{3}$ $\quad$ $\dfrac{2}{5}$ $\dfrac{3}{7}$ $\dfrac{1}{2}$ $\dfrac{4}{7}$ $\dfrac{3}{5}$ $\quad$ $\dfrac{2}{3}$ $\dfrac{5}{7}$ $\dfrac{3}{4}$ $\dfrac{4}{5}$ $\dfrac{5}{6}$ $\dfrac{6}{7}$ $\quad$ $\dfrac{1}{1}$

$\mathfrak{F}_8$: $\dfrac{0}{1}$ $\dfrac{1}{8}$ $\dfrac{1}{7}$ $\dfrac{1}{6}$ $\dfrac{1}{5}$ $\dfrac{1}{4}$ $\dfrac{2}{7}$ $\dfrac{1}{3}$ $\dfrac{3}{8}$ $\dfrac{2}{5}$ $\dfrac{3}{7}$ $\dfrac{1}{2}$ $\dfrac{4}{7}$ $\dfrac{3}{5}$ $\dfrac{5}{8}$ $\dfrac{2}{3}$ $\dfrac{3}{4}$ $\dfrac{4}{5}$ $\dfrac{5}{6}$ $\dfrac{6}{7}$ $\dfrac{7}{8}$ $\dfrac{1}{1}$

图 5.22

当这些序列逐步扩展时，新分数是相邻分数的中位分数，它们是通过将分子和分母分别相加获得的。也就是说，如果三个分数 $\dfrac{a}{b}$、$\dfrac{p}{q}$ 和 $\dfrac{c}{d}$ 是法里序列的三个连续分数，那么中间的那个分数等于 $\dfrac{a+c}{b+d}$，或者说它是两个与它相邻的分数的中位分数，即 $\dfrac{a}{b} + \dfrac{c}{d} = \dfrac{a+c}{b+d}$。

我们还可以从几何上演示法里序列，具体方法是：取半径为 $\dfrac{1}{2}$ 的两个圆，它们的圆心是坐标平面上的点 $\left(0, \dfrac{1}{2}\right)$ 和 $\left(1, \dfrac{1}{2}\right)$，这两个圆实际上与 x 轴相切，并且彼此也相切。我们画第三个圆，使它与这两个圆相切，并且与 x 轴相切，那么我们实际上就构造了三个圆，使得它们与 x 轴的三个切点所对应的横坐标形成法里序列。如果我们继续这一进程，就会发现对于每个新添加的"夹心"相切圆，它与 x 轴的切点的横坐标是法里序列的一个新成员。我们可以用以下方法证明这一点。从两个与 x 轴相切的圆开始证明它们的切点分别为 $\left(\dfrac{a}{b},\ 0\right)$ 和 $\left(\dfrac{c}{d},\ 0\right)$，半径分别为 $\dfrac{1}{2b^2}$ 和 $\dfrac{1}{2d^2}$。当且仅当 $\dfrac{a}{b}$ 和 $\dfrac{c}{d}$ 是法里序列中的相邻分数，即当且仅当 $ad-bc=\pm1$ 时，这两个圆相切。此外，这两个圆[1]将在中间点 $\left(\dfrac{a+c}{b+d},\ 0\right)$ 与 x 轴相切，其半径为 $\dfrac{1}{2(b+d)^2}$，见图 5.23。

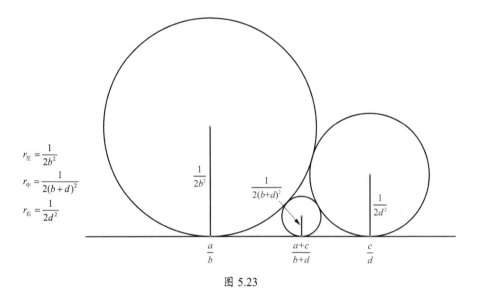

图 5.23

在图 5.23 中，外侧的两个圆的半径分别是 $r_{左}=\dfrac{1}{2b^2}$，$r_{右}=\dfrac{1}{2d^2}$，而中间的圆的半径为 $r_{中}=\dfrac{1}{2(b+d)^2}$。从这一点出发，这三个圆的半径之间存在着一种相当令人惊讶的关系，$\dfrac{1}{\sqrt{r_{中}}}=\dfrac{1}{\sqrt{r_{左}}}+\dfrac{1}{\sqrt{r_{右}}}$。证明如下：

$$\frac{1}{\sqrt{r_{左}}}+\frac{1}{\sqrt{r_{右}}}=\frac{1}{\sqrt{\dfrac{1}{2b^2}}}+\frac{1}{\sqrt{\dfrac{1}{2d^2}}}=\sqrt{2}\,(b+d)$$

---

[1] 此处应该是这两个圆的“夹心”圆，即第三个圆。——译者注

$$\frac{1}{\sqrt{r_{中}}} = \frac{1}{\sqrt{\dfrac{1}{2(b+d)^2}}} = \sqrt{2}\ (b+d)$$

对此，M. 哈贾也有一个简单的证明。

以美国数学家莱斯特·R. 福特（公元 1886—1967）的名字命名的福特圆序列为我们提供了图 5.24 所示的法里序列。以下是 $n = 7$ 时的福特圆序列和法里序列。

$$\mathscr{F}: \frac{0}{1}, \frac{1}{7}, \frac{1}{6}, \frac{1}{5}, \frac{1}{4}, \frac{2}{7}, \frac{1}{3}, \frac{2}{5}, \frac{3}{7}, \frac{1}{2}, \frac{4}{7}, \frac{3}{5}, \frac{2}{3}, \frac{5}{7}, \frac{3}{4}, \frac{4}{5}, \frac{5}{6}, \frac{6}{7}, \frac{1}{1}$$

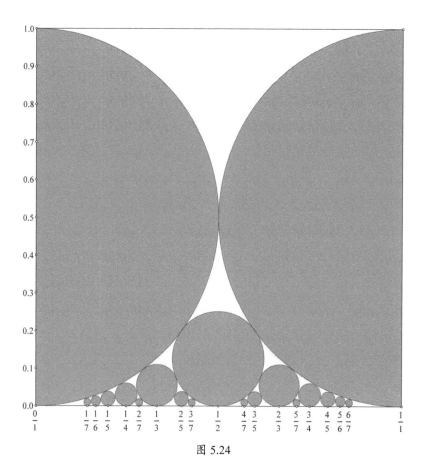

图 5.24

　　记住，你可以通过取交叉乘积的差并验证它等于 ±1 来证明法里序列中的相邻分数。通过分数的这种不寻常的排列，我们证明了简单分数产生的一些相当意想不到的关系，这些关系不仅出现在算术、代数中，而且出现在几何中。从这一章中，你可以看到分数及其相互关系的内容比乍一看要丰富得多。

结　语

　　我们希望你已经欣赏到了我们所介绍的数学中的各种奇思妙想。我们尽力使它们保持简单，从而使它们对于普通的读者来说更有吸引力。正如你看到的，当从算术特性中的数字关系开始介绍时，我们曾希望为展示数学的神奇奠定基础。不幸的是，这些神奇在我们的中小学数学学习中经常被忽视。我们相信，通过展示数学中的一些不寻常的方面，更多的人会被这门美妙的学科所迷住。

　　有许多方法可以使几何学对一般的读者具有吸引力，我们选择了一些有点"偏离正轨"的内容。数学的这个可视的方面实际上有无穷无尽的奇妙之处来吸引好奇的学习者，其中一些可以在我们以前出版的《精彩的数学错误》和《数学迷思与惊奇》中找到。这两本书显示了数学的这种非常直观的方面的各种其他特点。

　　解决问题是数学的关键组成部分之一。当然，有无数非常具有挑战性的数学问题没有被我们纳入本书中。在第 3 章中，我们选择了 89 个问题，每个问题都有一个奇特的方面。有些问题是根据它们的性质来选择的，这些问题有时貌似十分困难。另外一些问题之所以被选中，是因为我们想展示一种奇妙的解决方案，这种方案在其本质上不是典型的，然而能够作为一种令人愉快的、标准的和预期的解决方案的替代方案。此外，本书还包括一些古怪的问题，我们选择它们仅仅是为了娱乐。为了不破坏读者自己尝试解决每一个问题的乐趣，我们故意将解决方案作为该章的第二部分。这样，让你的眼睛徘徊到解决方案的诱惑就减少了，因为你不得不翻书才能找到答案。

在当今统计学占主导地位的世界里，人们谈论着各种集中趋势的度量问题。我们展示了各种各样的平均数，并以各种方式比较了它们的大小。代数比较采用了一些非常简单的初等方法，而几何比较则允许你"看到"它们的相对大小。

我们通过介绍分数这个数学中最基本的概念结束了我们的奇妙的数学之旅。我们假设读者精通常规的分数运算，从而展示了分数的许多不寻常的应用和某些奇特的方面。

我们希望你增加对数学的美和力量的热爱，也希望你成为这一最重要的学科的大使，向世人传播这样一条信息：数学不仅是重要的，而且有许多不寻常的方面值得欣赏，尽管大多数人在学生时代普遍忽略了它们。是的，数学也可以很有趣！

参考文献

[1] Fukagawa, Hidetoshi, and Dan Pedoe. Japanese Temple Geometry Problems. Winnipeg: The Charles Babbage Research Center, 1989.

[2] Fukagawa, Hidetoshi, and Dan Pedoe. How to Resolve Japanese Temple Geometry Problems. Tokyo: Mori Kitashuppan, 1991.

[3] Fukagawa, Hidetosh, and Tony Rothman. Sacred Mathematics: Japanese Temple Geometry. Princeton, NJ: Princeton University Press, 2008.

[4] Huvent, Géry. Sangaku: Le mystère des énigmes géometriques japonaises. Paris: Dunod, 2008.

[5] Posamentier, Alfred S. Advanced Euclidean Geometry. Hoboken, NJ : John Wiley & Sons, 1999.

[6] Rothman, Tony, and Hidetoshi Fukagawa. (1998—2005). "Japanese Temple Geometry, " Scientific American, May 1998, pp. 84-91.

[7] Scriba, Christoph J. , and Peter Schreiber. 5000 Jahre Geometrie: Geschichte, Kulturen, Menschen. Heidelberg: Springer-Verlag, 2010.